사랑하면 보이는 나무

사랑하면 보이는 나무

아버지와 아들이 함께 쓰고 그린
나무 관찰 기록 52편

허예섭 · 허두영 지음

궁리
KungRee

• 이 책은 방일영문화재단의 저술지원을 받아 출간되었습니다.

| 아버지와 아들이 함께 쓰는 서문 |

나에게 나무란…

한 어린아이가 아버지와 함께 집으로 걸어가고 있었다. 그 아이는 한 나무를 가리키며 "아빠! 이 나무는 무슨 나무예요?"라고 물었다. 아버지는 그 나무를 한참 보시더니 전혀 모르겠다는 표정을 지으셨다. 그 뒤로 아이와 아버지는 밖에 나갈 때마다 나무의 이름을 하나씩 외우며 나무를 알아가기 시작했다. 어느 날 아이는 아버지와 산책을 하다가 분당 중앙공원 한산 이씨 종가 근처에서 크고 튼튼하게 잘 자란 느티나무를 봤다. 아버지는 아이에게 저 느티나무처럼 반듯하고 굳건하게 잘 자라면 좋겠다고 말씀하셨다.

나무들은 제각각 다른 느낌을 준다. 분홍빛 무궁화를 보면 애국심이, 예쁜 꽃이 달린 아까시나무는 달콤함이, 잎이 푸른 가문비나무는 추위가 생각난다. 이 책에 모은 52종류의 나무들은 평소에 내가 나무를 보고도 알지 못한 사실과 느끼지 못한 감정들을 알게 해준다. 왜 딸을 낳으면 오동나무를 심었는지, 어째서 물푸레나무란 이름이 붙었는지, 언제부터 메타세쿼이아가 살아왔는지, 글을 쓰기 전엔 알지 못했다. 또 동백나무와 동박새는 무슨 관계인지, 왜 조상들이 싸리나무 가지를 회초리로 사용했는지. 이제야 깊은 뜻이 다 있다는 것을 알게 되었다.

이 책의 나무들을 만나고 배우는 데 8년이란 시간이 걸렸다. 나무에 대한 글을 쓰면서 힘들었던 점은 내 나름대로 쓴 글을 몇 번씩 읽고 문장을 더 이해하기 쉽도록 수정하는 것이었다. 포플러는 헷갈리는 정보가 많아 원하는 자료를 찾기 힘들었다. 또한 보리수나무에 대한 정확한 자료들을 찾아 쓰느라 한 달이 넘도록 지겹게 고쳐야만 했다. 또 나무 위에 올라가 잎과 열매를 따서 관찰하고 그림을 그리는 것도 정말 어려웠다. 이깔나무 잎을 채집하다가 가지에 옷이 걸려 찢어지고 살구를 관찰하기 위해 나무를 타다가 운동화가 터져버리기도 했다.

이렇게 힘든 과정을 거쳐 글과 그림을 하나씩 완성할 때마다 뿌듯함이 하늘을 찔렀다. 이런 기분을 52번이나 느끼다 보니 어떤 어려운 일이든지 씩씩하게 헤쳐나갈 수 있을 것 같다. 서서히 지는 해와 약한 바람에도 흔들리는 창문 밖 나무를 보며 오늘도 마음속으로 외친다. "시작을 하면 끝을 봐야 한다. 다만, 도중에 포기할 거면 시작도 하지 말자."

2012년 1월
허예섭 올림

사랑하면 보이는 이유

"아빠, 저 나무가 무슨 나무예요?"
"저거? ……, 엄마한테 물어봐."
나른한 2004년 봄 어느 주말, 함께 목욕 갔다 돌아오는데 아들(초등 3년)이 아파트 현관 바로 앞에 있는 나무를 가리키며 물었을 때, 아무 생각 없이 아내에게 그 곤란한 임무를 떠넘겼다.
그날 저녁, 아내가 밥상머리에서 토끼눈을 하고 자분자분 말했다.
"당신은 과학에 대해 잘 알잖아요. 문과 출신인 내가 나무에 대해 뭘 알겠어요? 당신이 조사해서 예섭이한테 알려주는 게 어때요?"
며칠 뒤 나와 함께 현관을 지나던 아들이 또 물었다.
"아빠, 저 나무 이름이 뭐예요?"
"……, 인터넷 찾아봐."
며칠 전의 상황을 까맣게 잊어버리고 역시 아무 생각 없이 그냥 인터넷을 뒤져보라고 했다가, 아뿔싸! 그날 밤 아내의 예쁜 토끼눈이 매서운 도끼눈으로 바뀌는 걸 똑똑히 보았다.
"당신은 10년도 넘게 과학기자로 지내면서 일반 대중에게 과학을 쉽고 재미있게 설명하려고 야근을 밥 먹듯이 하더니, 자기 아들을 위해 나무 이름 하나 알아봐줄 시간도 없는 거예요?"

이튿날부터 집 주변에 무심하게 서 있던 나무들의 정체를 밝혀내는 것이 대한민국 과학대중화를 위한 중차대한 과제로 떠올랐다. 산수유와 생강나무, 느티나무와 느릅나무, 매화나무와 살구나무, 떡갈나무와 신갈나무, 화살나무와 작살나무, 낙엽송과 낙우송, 노간주나무와 모감주나무, 측백과 편백과 화백…… 이름이나 모습이 비슷한 나무가 왜 그리 많은지…….

그렇게 많은 나무가 나와 가족을 지켜보고 있었는지 왜 전혀 눈치채지 못했을까? 느티나무는 내가 출퇴근하던 길을 가로등처럼 지켜보고 있었고, 명자나무는 딸내미가 놀던 놀이터를 예쁘게 지키고 있었다. 전설의 계수나무는 달이 아니라 화단에 우뚝 서 있고, 동화 속 개암나무는 우리 집 바로 뒷산에서 무성하게 자라고 있었다. 호젓한 매화나무는 옛 시조가 아니라 나의 술잔 속에서 꽃을 피우고, 높다란 벽오동은 봉황의 존재를 궁금하게 만들었다. 앵두와 살구가 바로 옆에서 앙글앙글 피고 지고 다람다람 열매를 맺었는데, 그동안 왜 한 번도 내 눈에 띄지 않았을까?

〈접시꽃 당신〉을 사랑한 도종환 시인은 〈배롱나무〉에게서 배운다고 했다. "늘 다니던 길에 오래 전부터 피어 있어도／ 보이지 않다가 … (중략) … ／ 사랑하면 보인다고／ 사랑하면 어디에 가 있어도／ 늘 거기 함께 있는 게 눈에 보인다고."

나무를 하나씩 알게 되고 사랑하게 되면서 나무들이 점점 눈에 띄기 시작했다. 이렇게 멋지고 아름다운 나무들이 제각기 다른 모습으로 존재를 과시하고 있었는데, 왜 그동안 눈길 한 번 주지 않았을까? 그래서 이 책의 제목을 '사랑하면 보이는 나무'라고 정했다. 평소에 이름조차 모르는 채 무심코 지나쳐 눈에 띄지도 않던 나무도 관심을 갖고 보면 어느 순간 갑자기 그 존재가 드러나면서 정말 사랑스러운 대상이 된다는 것을 깨달았기 때문이다.

아들과 함께 나무를 관찰하고 책을 집필하면서 서로 다른 방법으로 접근하기로 했다. 아들은 나무의 학명, 분류, 분포, 생태, 꽃말, 유래, 용도, 전설처럼 직접 관찰하고 조사해서 쓸 수 있는 영역에서, 아버지는 나무에 대한 인문학적인 영역에서 각각 접근하기로 했다. 나무에 대한 정보를 공유하면 글을 쓰는 내용이 비슷해질 우려가 있어, 따로따로 작업을 했지만 내용에서 일부 중복되는 부분이 있는 것은 어쩔 수 없었다. 같은 나무에 대해 각자 자신의 글에서 최선을 다해 쓴 것이니…….

아들의 글에 대해서도 이렇게 써라 저렇게 써라 간섭하지 않으려고 애를 썼다. 간섭하는 순간 아들의 글이 아니라 아버지의 글이 되기 때문이다. 따라서 "문장을 짧게 써라"거나 "구체적으로 써라"는 식으로 방향만 제시할 뿐, 내용에서 가능한 한 아들의 창의성과 고집을 그대로 반영하려 했다.

백화제방(百花齊放)으로 온갖 꽃이 한꺼번에 흐드러지게 피더라도, 나무가 가장 아름다운 시기는 제각기 다르다. 대부분 봄에 꽃을 피우기는 하지만, 꽃보다 잎이나 열매나 줄기가 더 아름다운 나무도 많기 때문이다. 그러면 나무가 가장 아름다울 때는 언제일까?

이 책은 겨울에서 시작하여 봄, 여름, 가을, 다시 겨울로 끝난다. 1월 첫 주부터 시작해서 1년 동안 한 주에 한 그루씩 이 책에 나온 순서대로 관찰하면 그 나무의 가장 아름다운 모습을 발견할 수 있다. 예를 들면 자작나무는 4월에 꽃을 피우지만 한겨울 눈 속에 서 있는 모습이 가장 멋지고, 오동나무는 6월에 꽃을 달지만 커다란 이파리를 떨어뜨리는 오동추(梧桐秋)의 늦가을에 오동동(梧桐動)의 호젓한 운치를 느낄 수 있다.

사람에게 저마다 고유한 특성이 있듯이 나무도 제각기 자기 캐릭터를 갖고 있다. 산수유는 수다스런 계집아이, 생강나무는 수더분한 산처녀, 박태기나무는 제멋대로 까부는 불량 소녀, 산사나무는 기품 있는 귀부인이다. 자작나무는 우유부단하고 착한 왕자, 회화나무는 지혜로운 늙은 선비, 모감주나무는 세속을 버린 스님, 노간주나무는 성격이 까칠한 외톨이처럼 보인다. 나무의 세계에게 인간 군상의 모습을 똑같이 보게 되는 것이다.

애기를 낳는 것은 부부지만, 낳도록 도와주는 것은 산부인과다. 『사랑하면 보이는 나무』를 낳기 위해 아들과 둘이서 8년 동안 산통(産痛)을 겪다가, 마침내 출산을 도와주는 병원 '궁리출판'을 찾아가 몸을 풀었다. 식물학을 전공한 굴기(屈己) 이갑수 사장님은 막걸리처럼 구수한 너털웃음을 웃으며 단박에 출산을 허락했고, 산파를 맡은 김현숙 편집주간은 자신의 딸처럼 예쁜 아이를 낳도록 알뜰살뜰 보살펴줬다. 국립산림과학원 신준환 박사님은 꼼꼼하게 원고를 읽으며 태아가 어디 조금이라도 문제가 없는지 종합건강검진을 해주시고, 직접 찍은 나무 사진 수백 장을 선뜻 내놓으셨다. 이 책에 있는 모든 사진은 신준환 박사가 직접 찍은 귀중한 사진자료라는 사실을 다시 한 번 밝혀둔다. '사랑하면 보이는 나무'라는 예쁜 이름을 짓는 태몽을 꾸게 해주신 도종환 시인께도 가슴 뭉클한 감사를 드린다.

아들과 둘이서, 낮이면 나무를 붙들고 관찰하고 밤이면 글을 쓰느라 끙끙대던 지난 8년 동안 아내와 딸은 집안 남자들이 만들어낸 무관심의 구석에서 소리 없는 불평이 많았다. 아내는 가정생활의 모든 핑계를 나무로 돌리는 남편에 대한 잔소리를 삭히고, 대학 진학을 앞두고도 한가롭게(?) 나무 책을 쓰고 있는 아들에 대한 불안과 초조를 애써 감추어줬다. 딸은 주말에도 같이 놀아주지 않는 아빠에 대한 불만과 그 아빠를 빼앗아 가는 오빠에 대한 질투를 잘 참아줬다.
   십보방초(十步芳草)라…… 열 걸음도 안 되는 곳에 아름다운 꽃과 풀이 많다는 뜻이다. 이제 십보방초는 딸의 것이다. 아들과 함께 진행한 '사랑하면 보이는 나무'를 오늘 마무리했으니, 딸과 함께 내일부터 '사랑하면 보이는 풀'에 대해 관찰하고 집필하는 작업을 시작하려고 한다. 여보! 나 잘했지? 이제 우리 가족의 얼굴이 더 잘 보이는 것 같아…… 사랑하니까…….

2012년 1월
허두영

차례

| 아버지와 아들이 함께 쓰는 서문 | 5 |

겨울 — 17

깨끗한 살결을 자랑하는 **자작나무**	18
바람이 퉁기고 다니는 **가문비나무**	24
살아 천년 죽어 천년을 지키는 **주목**	30
속으로 묵은 잎을 떨어뜨리는 **사철나무**	36
도끼의 날에도 향기를 묻히는 **향나무**	42
붉은 순정을 터뜨리는 **동백나무**	48
콰지모도처럼 정원을 지키는 **회양목**	54
추위도 향기를 팔지 않는 **매화나무**	60

봄 — 67

| 산골 가시내처럼 억척스런 **생강나무** | 68 |
| 비밀을 조잘거리고 싶은 **산수유** | 74 |

새하얀 콧대를 높이 세우는 **조팝나무**　　　　　　　　　*80*

하마터면 사랑할 뻔한 **박태기나무**　　　　　　　　　*86*

꾀꼬리 노래가 들리는 **앵두나무**　　　　　　　　　　*92*

왼 눈이 감기는 새콤한 **살구나무**　　　　　　　　　　*98*

달콤잔인한 꽃을 피우는 **라일락**　　　　　　　　　　*104*

하얀 꽃부채를 펼쳐든 **산사나무**　　　　　　　　　　*110*

따끈한 고깃국이 생각나는 **이팝나무**　　　　　　　　*116*

결국은 그 그늘을 지나게 되는 **보리수나무**　　　　　*122*

하늘나라의 정원수처럼 멋진 **마가목**　　　　　　　　*128*

개미허리를 가늘게 만든 **때죽나무**　　　　　　　　　*134*

여름　　　　　　　　　　　　　　　　　　　　　*141*

울타리 너머 사랑을 꿈꾸는 **명자나무**　　　　　　　　*142*

부부의 금슬을 여미는 **자귀나무**　　　　　　　　　　*148*

하얀 꽃탑을 쌓아올리는 **층층나무**　　　　　　　　　*154*

이름만 들어도 가슴이 설레는 **아까시나무**　　　　　*160*

허공이 꽃을 달아주는 **산딸나무**　　　　　　　　　　*166*

쥐똥마저 향기롭게 만드는 쥐똥나무	172
외로움에 온몸이 꼬여버린 등나무	178
첫사랑의 향기로 애태우는 모과나무	184
왕관을 버리고 승복을 입는 모감주나무	190
버들치를 쫓다가 버들피리를 부는 버드나무	196
설레는 기억을 흔드는 포플러	202
티없이 맑은 하늘이 우러나는 물푸레나무	208
양귀비의 미소가 배어 있는 배롱나무	214
감탄 없이는 바라볼 수 없는 무궁화	220

가을 227

고향의 추억처럼 피고 지는 싸리나무	228
봉황을 보자고 심은 벽오동	234
달콤한 방귀를 뀌는 계수나무	240
아낌없이 주지 않으려는 가죽나무	246
혹부리영감이 좋아하는 개암나무	252
위대한 성리학자를 꿈꾸는 회화나무	258
플라톤의 이데아를 건설하는 플라타너스	264

사색의 그늘을 펼치는 **마로니에**	270
이파리 한 장으로 세상을 바꾸는 **오동나무**	276
울타리 밖에서 푸른 돈을 뿌리는 **느릅나무**	282
공룡 발자국 소리를 기억하는 **메타세쿼이아**	288
든든한 배흘림을 자랑하는 **느티나무**	294

다시 겨울   301

새를 보고 싶을 때 심는 **팥배나무**	302
토끼와 거북이가 경주를 벌인 **떡갈나무**	308
하늘 향해 두 팔 벌린 **이깔나무**	314
까칠해도 성격이 화끈한 **노간주나무**	320
달마가 동쪽으로 간 까닭을 아는 **측백나무**	326
스크루지 영감이 싫어한 **호랑가시나무**	332

에필로그	339

자작나무

학명	*Betula platyphylla* var. *japonica* Hara
분류	쌍떡잎식물 참나무목 자작나무과의 잎지는 큰키나무
분포지	한국, 일본, 중국, 러시아
다른 이름	화목(樺木)
꽃말	기다림

설날에 부산에 계신 할아버지와 할머니께 세배를 드리고 경부고속도로를 달려오다가 산중턱에 줄기가 하얀 나무 몇 그루가 눈에 띄었다. 다른 나무처럼 줄기가 거무튀튀하지 않아 병든 줄 알았는데 아버지가 자작나무는 원래 하얗다고 말씀해주셨다. 눈이 쌓인 산에 하얗게 서 있으니 잘 보이진 않았지만 그래도 풍경은 멋있었다.

🌿 내가 관찰한 나무의 모습

자작나무 껍질은 기름기가 많아 불에 잘 붙는다. 비에 젖어도 불이 붙을 정도다. 가지를 불에 넣으면 '자작자작' 하며 타는 소리가 나서 '자작나무'라고 한다. 껍질은 다른 나무보다 하얗고 매끄러우며 얇은 종이처럼 잘 벗겨진다.

잎마저 삼각 불꽃 모양이라 불이 잘 붙겠다는 생각이 들었다. 꽃은 4~5월에 암꽃과 수꽃이 따로 핀다. 수꽃은 새끼손가락만한 것이 대롱대롱 달렸고, 암꽃은 작고 가늘며 위로 핀다. 열매는 9월에 암꽃이 갈색으로 익어 수꽃처럼 아래로 매달린다.

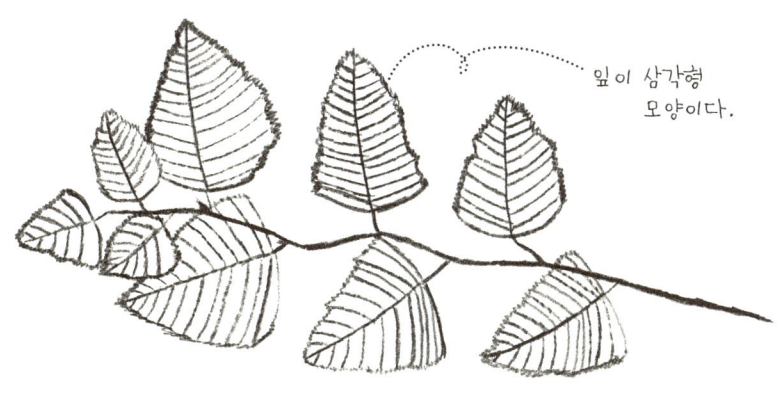

잎이 삼각형 모양이다.

맛이 달면서도 이를 썩지 않게 해주는 자일리톨은 핀란드산 자작나무에서 추출된 천연감미료다. 자작나무의 껍질엔 부패를 막는 성분이 있어 물체를 썩지 않게 해준다. 옛날 조상들은 자작나무 껍질을 벗겨 글을 쓰거나 그림을 그렸다. 그래서 경주 천마총에 있는 천마도는 1,500년 동안 썩지 않고 지금도 잘 보존되어 있다.

🌱 내가 조사한 나무에 얽힌 이야기

자작나무에는 유럽 왕자에 대한 전설이 있다. 칭기즈칸이 유럽을 공격하자 왕자는 칭기즈칸이 너무 강해서 이길 수 없으니까 항복하자고 제안했다. 화가 난 왕은 군사를 시켜 왕자를 잡으려 했다. 왕자는 도망 다니다가 숲에서 탈진해 죽었는데, 그곳에 자작나무가 자랐다. 전설 때문인지 자작나무는 아직도 산속에 숨어서 자라고 있다.

🌱 나무를 보고 느낀 점

자작나무 껍질에 글을 써서 책으로 만들면 어떨까. 천마도처럼 내 책도 오랫동안 썩지 않으면 좋겠다. 또 자일리톨 덕에 향긋한 냄새가 나 사람들이 내 책에 더 끌릴 것이다. 옛날 사람들이 종이가 없었을 때 생각을 표현하려고 자작나무 껍질에 얼마나 힘들게 글을 쓰고 그림을 그렸는지 짐작할 수 있듯이, 아버지와 내가 이 책을 얼마나 정성을 들여 썼는지 알 수 있을 것이다.

깨끗한 살결을 자랑하는 자작나무

깊은 산속에서 갑자기 숲의 하얀 속살을 마주친 적이 있는가? 소설가 정비석의 경험담 산정무한(山情無限)을 들어보자. "비로봉 동쪽은 아낙네의 살결보다도 흰 자작나무의 수해(樹海)였다. 설 자리를 삼가, 구중심처(九重深處)가 아니면 살지 않는 자작나무는 무슨 수중(樹中) 공주이던가!"

자작나무는 살결이 희고 몸매가 늘씬한 미인 나무다. 줄기는 눈처럼 하얗고 나무는 시원스럽게 하늘로 쭉쭉 뻗는다. 귀족적인 품위를 갖추고 있어 서양에서도 '숲의 여왕'으로 대접받는 아름다운 나무다.

매끄럽고 하얀 나무껍질은 종이처럼 얇게 벗겨진다. 러시아에는 하얀 껍질에 순수한 사랑을 편지로 적어 보내면 사랑이 이루어진다는 전설도 있다. 소설가 김훈은 『자전거 여행』에서 자작나무를 보고 "하늘을 날던 천사가 차디찬 겨울 산속에 처절하게 서 있는 것을 불쌍하게 여겨 흰 날개로 나무의 등걸을 칭칭 둘러싼 것 같다"고 했다.

나무껍질에는 큐틴(Cutin)이라는 성분이 많아 물이 스며들지 않고 곰팡이가 잘 슬지 않는다. 자작나무는 몇백 년 전 쓰러져 땅 속에 묻혔더라도 껍질이 남아 있는 경우가 많다. 경주 천마총에서 발견된 천마도(天馬圖)는 자작나무 껍질에 그린 그림이다. 심마니는 산삼을 캐면 자작나무 껍질에 싸서 보관한다.

물에 강하면 불에 약한 법. 껍질은 밀랍과 유지 성분이 많기 때문에 잘 탄다. 비에 흠뻑 젖어도 불을 붙이면 금방 번진다. 불에 타는 소리가 '자작자작' 난다고 하여 자작나무라는 이름을 얻었다. 전통 혼례에서 화촉

(華燭, 樺燭)을 밝힌다는 것은 자작나무(樺) 껍질로 만든 초로 불을 밝힌다는 뜻이다.

자작나무는 사람을 순수하게 정화시키는 힘이 있다. 한겨울의 하얀 눈과 잘 어울리기 때문이다. 높은 어깨를 겯고 함께 의연하게 눈보라에 맞서기 때문일까. 자작나무는 무리 지어 숲을 이룰 때 가장 멋있다. 그 매력은 하얀 껍질과 곧은 줄기, 그리고 청량한 자일리톨 향기로 느낄 수 있다.

캐나다의 루시 몽고메리가 탄생시킨 주근깨 소녀 『빨강머리 앤』은 자작나무 길을 걷기 좋아했다. 러시아의 문호 보리스 파스테르나크의 소설에서는 눈 덮인 자작나무 숲에서 연인 라라를 썰매에 태워 보내는 『닥터 지바고』의 크고 슬픈 눈동자를 보게 된다.

미국의 시인 로버트 프로스트는 〈자작나무〉(Birches)에서 "나는 자작나무 타듯이 살아가고 싶다/ 하늘을 향해, 설백의 줄기를 타고 검은 가지에 올라/ 나무가 더 견디지 못할 만큼 높이 올라갔다가/ 가지 끝을 늘어뜨려 다시 땅 위에 내려오듯 살고 싶다"고 했다.

고은 시인도 〈자작나무 숲으로 가서〉 "자작나무숲의 벗은 몸들이/ 이 세상을 정직하게 한다 그렇구나 겨울나무들만이 타락을 모른다"며, "자작나무의 천부적인 겨울과 함께/ 깨물어 먹고 싶은 어여쁨에 들떠" 어린 시절로 돌아가고 싶은 마음을 노래했다.

추운 데서 자란다는 의미는 무엇일까? 도종환 시인은 "자작나무처럼 나도 추운 데서 자랐다/ 자작나무처럼 나도 맑지만 창백한 모습이었다"고 고백하면서 "눈보라 북서풍 아니었다면/ 곧고 맑은 나무로 자라지 못했을 것이다/ 단단하면서도 유연한 몸짓 지니지 못했을 것이다"고 회상한다.

가문비나무

학명	*Picea jezoensis Carr.*
분류	겉씨식물 구과목 소나무과의 늘 푸른 큰키나무
분포지	한국, 일본, 중국, 러시아
다른 이름	감비, 흑피목(黑皮木)
꽃말	성실, 정직

여름방학 숙제로 식물 하나를 정하고 조사해 관찰일기를 써야 했다. 가족과 경기도 가평으로 놀러 간 김에 숙제가 생각이 나 '아침고요수목원'에 갔다. '침엽수정원' 한구석에 짙푸른 잎이 하얗게 빛나고 옆으로 퍼져 위로 솟는 모습이 멋진 나무를 발견했다. 이렇게 힘들게 찾아 숙제를 했는데 당연히 100점을 맞겠지?

가문비나무는 줄기껍질색이 어두워 한자로 흑피목(黑皮木)이라 한다. 검은피나무라고 부르다 가문비나무라 부르게 된 것으로 추정된다. 감비라고도 하는데 가문비의 줄임말이다. 학명에 적혀 있는 *Picea*는 라틴어로 pix(송진)에서 유래되었고 *jezoensis*는 일본 홋카이도라는 추운 곳에서 잘 자란다는 뜻이다.

내가 관찰한 나무의 모습

긴 갈색 가지엔 뾰족뾰족한 연푸른 잎들이 고슴도치의 가시처럼 돋아 있다. 꽃은 6월에 암꽃과 수꽃이 같은 나무에서 핀다. 수꽃은 명절 때 먹는 황갈색 유과 같고 암꽃은 자주색 유과 같다. 작은 옥수수를 닮은 열매는

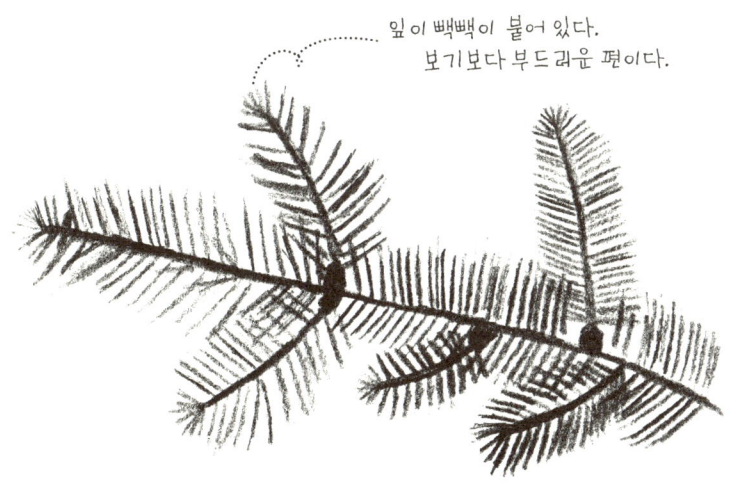

잎이 빽빽이 붙어 있다.
보기보다 부드러운 편이다.

밑으로 처지며 10월에 황록색으로 익는다.

   줄기가 어두워 겉과 속을 구별하기 힘들 정도다. 재질이 거칠어 뒤틀리기 쉽지만 섬유가 길고 조직이 촘촘해 인조견, 펄프 용재, 건축재, 가구재, 성냥개비 재료, 선박재로도 사용한다. 추운 곳에서 자라 탄력성이 좋아 스키 날의 재료로 쓰기도 한다.

🌿 내가 조사한 나무에 얽힌 이야기

가문비나무의 탄력성은 악기에서도 알 수 있다. 18세기 이탈리아에 스트라디바리라는 사람이 자신의 이름을 따 스트라디바리우스라는 브랜드로 바이올린을 제작했다. 스트라디바리우스는 억대가 넘는 가격을 자랑한다. 높은 가격의 악기는 좋은 음색을 내고 희귀하기 때문이다. 이탈리아 북부의 가문비나무는 추운 기후 때문에 조직이 치밀하고 탄력이 좋아 스트라디바리우스를 제작하는 데 적합했다.

🌿 나무를 보고 느낀 점

스트라디바리우스는 자기만의 특성을 가지고 있다. 어느 목재로도 감히 만들어낼 수 없고 어느 바이올린도 따라오지 못하는 여성스럽고 예쁜 소리를 낸다. 춥고 열악한 환경 속에서도 힘든 상황을 잘 극복하여 최고의 경지에 도달한 것이 진정한 명품이다.

바람이 통기고 다니는 가문비나무

트롤(Troll)은 북유럽 전설에서 인간을 잡아먹는 거인족이다. 가난한 농부의 아들인 할보(Halvor)는 트롤에게 납치당한 세 공주가 갇혀 있는 소리아 모리아 성(城)을 찾아 서풍을 따라다녔다. 서풍은 덤불이며 숲이며 가리지 않는데, 특히 가문비나무 숲을 헤치고 다니기를 좋아했다.

가문비나무는 추운 지방에 숲을 이루고 산다. 줄기가 꼿꼿하기 때문에 그 숲을 헤치고 다닐 정도라면 매우 세찬 바람이다. 또 바늘처럼 길고 뾰족한 잎이 제법 단단하기 때문에 서풍을 따라 가문비나무 숲을 헤치고 다닌다면 옷이 누더기처럼 찢어지고 몸은 상처투성이가 될 수밖에 없다. 공주를 만나기 위해 온갖 고생을 다 겪었다는 뜻이다.

나무껍질은 검은 빛이 많이 난다. 한자로 흑피목(黑皮木)인데, 검은피나무가 가문비나무가 되었다. 독일 남서부에 가문비나무가 무성한 슈바르츠발트(Schwarzwald)라는 곳이 있다. '검은 숲'(黑林, Schwarz+wald)이라는 뜻으로, 삼림욕의 발상지로 꼽힌다. 가문비나무는 나무껍질이 물고기 비늘처럼 생긴 소나무라는 뜻에서 어린송(魚鱗松)이라고도 한다.

줄기를 파거나 껍질을 떼어내면 우유처럼 희고 무른 진이 흘러나온다. 18세기에 신대륙으로 건너간 이주민들은 뉴잉글랜드 원주민들이 가문비나무의 진을 질겅질겅 씹는 것을 보았다. 이를 본 존 커티스는 1848년 가문비나무의 진으로 껌을 만들어 팔기 시작했다. 껌의 시초다.

추운 곳에 사는 만큼 성장이 더디고 오래 산다. 세계에서 가장 나이가 많은 나무도 가문비나무다. 스웨덴 남부의 달라르나 지역에 8천 살이 넘는 가문비나무가 살고 있다. 빙하기가 지난 바로 뒤 등장한 나무로, 늙은 나무가 죽자 그 속에서 젊은 나무가 죽은 둥치를 밀어내고 자라는 방식을 계속했기 때문에 그만큼 오래 살 수 있었다.

가문비나무는 서풍이 연주하는 악기였을까? 서풍은 가문비나무를 악기 삼아 이리저리 퉁겨보았을 것이다. 눈이 시리도록 맑고 파란 허공을 가르며 검푸른 가문비나무 숲을 쌩쌩 헤치고 다니는 바람소리는 얼마나 맑고 깨끗할까? 가문비나무는 정신이 번쩍 들고 가슴이 후련한 메아리로 뼛속 깊이 그 소리를 기억하고 있을 것이다.

"귀신이 만들어도 그렇게 아름다운 소리를 낼 수 없다"거나 "악마에게 영혼을 판 대가로 만들었다"는 명품 바이올린 스트라디바리우스는 가문비나무로 제작한 것이다. 야마하, 가와이, 알버트 웨버 같은 명품 피아노의 공명판과 건반도 거의 대부분 가문비나무다.

추운 곳에서 느리게 자란 가문비나무가 재질이 부드럽고 결이 촘촘해 음색도 곱고 스펙트럼도 고르다. 독일의 정통 바이올리니스트인 침머만은 스트라디바리우스를 연주한 뒤 "바이올린 안에 영혼이 존재하는 듯하다. 그래서 바이올린이 원하는 대로 연주하는 느낌이 든다"고 찬탄했다.

파란 하늘 아래서 명징(明澄)한 바람소리를 듣고 자랐기 때문일 것이다. 가문비나무는 항상 단정하고 기품있다. 토마스 만의 『마의 산』에서 한스 카스토르프는 "가문비나무 끝에서 창끝처럼 뻗어 있는 새순 위로 새파란 하늘이 빛"나는 것을 보고, 괴테의 『파우스트』는 "치솟는 가문비나무 위에서 독수리가 날개를 활짝 펴" 나는 모습을 보았다. 헤세의 『나르치스와 골드문트』에서 골드문트는 가문비나무 숲에서 딱따구리, 토끼, 뱀을 보면서 사색의 즐거움을 만끽했다.

미국의 시인 월리스 스티븐스는 〈눈사람〉에서 "저 멀리 반짝이는 정월의 태양빛 아래/ 거칠어진 가문비나무를 바라보려면/ 추위 속에서 오래 떨어야 한다"고 했다. 가문비나무의 득음(得音)은 차고 명징한 바람에 음(音)을 맞추며 오랜 침묵과 사색의 결과로 얻은 것일까?

주목

학명	*Taxus cuspidata S.et Z.*
분류	겉씨식물 구과식물아강 주목목 주목과의 늘 푸른 큰키나무
분포지	한국, 일본, 중국 동북부, 시베리아
다른 이름	자삼(紫杉), 적백송(赤柏松)
꽃말	고상함, 비애, 죽음

점심을 먹으러 집에서 5분 거리인 이모 집까지 걸어가다가 잎이 뾰족하고 진한 나무에 붉고 자그마한 열매가 달려 있는 걸 봤다. 열매가 예뻐 하나를 따봤더니 몰랑몰랑한 것이 미끈미끈하고 끈적끈적했다. 갑자기 경비아저씨가 오시더니 그것은 주목의 열매인데 독이 있으니 먹지 말라고 하셨다. 예쁜데 독이 있다니 왠지 배신을 당한 것 같았다.

줄기 속의 색깔이 자신의 열매처럼 붉어 '붉을 주(朱), 나무 목(木)'이라 하여 주목이라는 이름이 붙었다. 학명도 라틴어로 '뾰족한 잎을 가진 붉은 나무'(*Taxus cuspidata*)란 뜻이다. 동서양 모두 붉은 줄기를 특징으로 이름을 지었다.

🌿 내가 관찰한 나무의 모습

작은 핀처럼 가는 잎은 겨울에도 항상 푸르게 보이지만 2~3년마다 떨어지고 새로 난다. 암수딴그루인 주목은 4월에 마치 동그랗게 뭉친 쌀강정 같은 흰색 꽃이 핀다. 둥근 항아리를 닮은 작은 열매는 9~10월에 붉게 익고 맛이 달지만 독이 있어 조심해야 한다.

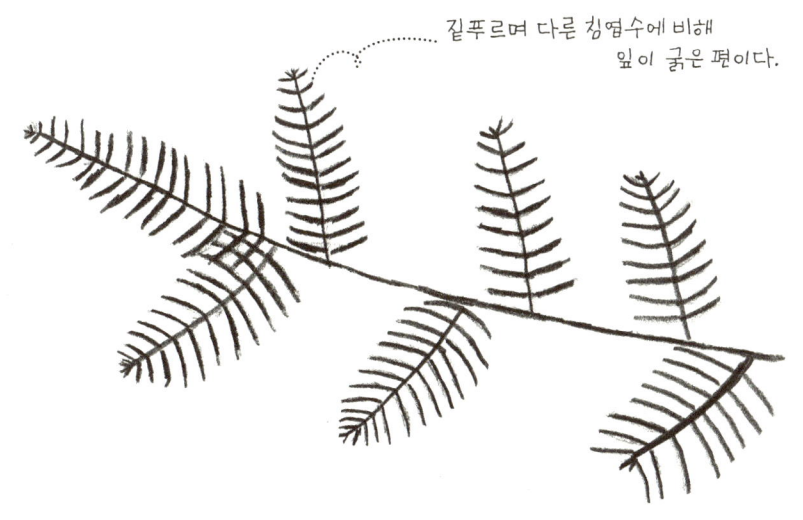

짙푸르며 다른 침엽수에 비해 잎이 굵은 편이다.

주목은 천천히 그리고 오래 산다. 10년 동안 높이는 1미터, 두께는 1센티미터 정도 자란다. 주로 200살 정도 살지만 강원도 정선에 있는 두위봉엔 1,400년 된 주목이 있다고 한다. 역사와 전통을 강조하기 위해 궁전이나 절에 관상용으로 심으며, 재목이 튼튼하여 전통가구로 유명하다.

🌿 내가 조사한 나무에 얽힌 이야기

영국 설화인 '로빈 후드'에는 주목에 대한 전설이 담겨 있다. 로빈 후드가 존 왕의 부하들과 싸워 심한 부상을 입었다. 그는 리틀 존에게 "이 화살이 떨어진 곳에 나를 묻어달라"고 말하며 마지막 힘을 짜내 화살을 쏘았고 그 화살은 수녀원 근처 숲에 있는 주목의 밑동에 맞았다. 리틀 존은 유언에 따라 주목 옆에 로빈 후드를 묻었다고 한다.

🌿 나무를 보고 느낀 점

흔히들 주목을 보고 '살아 천년 죽어 천년'이란 말을 한다. 그만큼 오래 살고 썩는 데도 오래 걸리기 때문이다. 전국시대를 통일한 진나라의 진시황은 불로장생(不老長生)하길 원했다. 진시황이 원하는 늙지 않고 오래 살 수 있는 약 불로초가 주목의 쌀강정(꽃)으로 만든 빨간 항아리(열매) 안에 숨어 있는 것이 아닐까?

살아 천년 죽어 천년을 지키는 주목

중세 영국의 전설적인 영웅 로빈 후드는 그 죽음마저 비장하다. 폭정을 일삼는 존 왕의 부하들과 싸우다 크게 부상당해 수녀원에 숨은 그는 "이 화살이 떨어진 곳에 나를 묻어달라"는 유언을 남기고 마지막 화살을 쏜 뒤 숨을 거두었다. 리틀 존은 화살이 떨어진 주목 숲에 그의 무덤을 만들었다.

주목은 로빈 후드가 가장 아끼던 나무다. 로빈 후드가 애용하던 장궁(長弓, Long Bow)은 주목으로 만들었다. 독일에서 발견된 세계에서 가장 오래된 1만 년 전의 활도 주목으로 만든 것이다. 주목의 학명 *taxus*는 활을 뜻하는 라틴어 taos에서 유래했으며, 주목을 가리키는 영어 yew도 활을 의미한다.

사람의 힘으로 가장 많은 운동에너지를 낼 수 있는, 곧 탄력이 가장 좋고 좀처럼 부러지지 않는 나무가 주목이다. 주목으로 만든 1미터 길이의 장궁은 화살을 300미터 정도 날릴 수 있는데, 200미터 이내에서 두께 4센티미터의 판자를 뚫고, 100미터 이내에서는 갑옷을 관통할 정도로 강력한 위력을 자랑한다.

로빈 후드의 피가 묻어서 그럴까? 나무껍질과 줄기 속(心材)에서 붉은 빛이 강하다. 그래서 주목(朱木)이라는 이름이 붙었다. 주목에서 뽑아낸 붉은 빛은 귀신을 쫓는 효력이 있다 하여 궁궐에서 임금이나 궁녀의 옷감을 물들이는 데 사용했다. 또 잘 썩지 않기 때문에 평양에서 발굴된 낙랑고분의 관처럼 왕족의 관을 짜는 데 사용하기도 했다.

가을에 앵두처럼 빨갛게 익는 열매는 밝고 투명한 듯한 속살을 열어 속에 든 씨를 살짝 보여주며 위험한 교태를 부린다. 물기가 많고 맛있어 보이지만, 독성분이 있어 많이 먹으면 설사를 하기 때문이다. 셰익스피어가 낳은 비극의 왕자『햄릿』의 숙부인 클로디어스는 형이 뜰에서 낮잠을 즐기는 틈을 타서 귀에 이 독을 흘려 넣어 독살했다.

독은 곧 약이던가? 주목의 잎과 줄기는 감기나 독감에 효능이 있는 것으로 알려져 왔다. 나무껍질에서 추출한 성분으로 만든 택솔(taxol)은 암세포에 영양분을 공급하는 혈관을 막아 한때 '기적의 항암제'라 불리기도 했다. 로빈 후드가 활로 사람을 죽이기도 하고 살리기도 했기 때문일까?

주목처럼 느려터진 나무가 어디 또 있을까? 허리는 1년에 1밀리미터 정도 굵어진다. 백년 동안 자라도 키는 10미터, 허리둘레는 60센티미터 남짓 하다. 수명은 천년 정도다. 그래서 주목을 두고 '살아 천년, 죽어 천년'이라고들 한다. 썩는 데도 천년이 걸린다는 이야기다. 우리나라에서 가장 나이가 많은 나무도 주목이다. 강원도 정선군 사북읍의 두위봉에 있는데, 1,400살이 넘는다.

이재호 시인은 태백산에 올라 〈주목나무〉를 보며 "천년동안 불어온 바람이/ 오늘도 세차게 불고 있다"는 것을 깨닫는다. 정호승 시인은 〈태백산행〉에서 서로 나이를 묻는 등산객을 보고 "태백산 주목이 평생을 그 모양으로/ 허옇게 눈을 뒤집어쓰고 서서/ 좋을 때다 좋을 때다/ 말을 받는" 모습을 본다.

로빈 후드는 주목으로 만든 활로 자유와 평등이 가득한 천년왕국을 건설하려 했다. 그러나 그 활이 꽂힌 곳은 배신과 폭력이 난무하는 비극의 땅이었다. 로빈 후드의 마지막 화살이 겨냥한 곳은 주목이 무성한 숲이다. 활이 아니라 숲으로 천년왕국을 건설해야 한다는 뜻이었을까?

사철나무

학명	*Euonymus japonica* Thunb.
분류	쌍떡잎식물 무환자나무목 노박덩굴과의 늘 푸른 중간키나무
분포지	한국, 일본
다른 이름	겨우살이나무, 동청목(冬靑木)
꽃말	변함없다, 어리석음

겨울방학 때 학원 가는 길에 잎이 두껍고 짙푸른 나무가 생울타리를 이룬 걸 봤다. 처음에는 동백나무인 줄 알고 반가웠는데 자세히 보니 꽃이 없고 잎모양도 달라 돌연변이인 줄 알았다. 검색해보니 그 나무는 사철나무였다. 추운 겨울에도 꿋꿋하게 푸른 잎을 달고 있는 사철나무가 대견스러웠다.

   사계절 늘 푸른 나무는 주로 침엽수인데 침엽수가 아닌데도 사철 내내 잎이 푸르다 하여 사철나무라고 부른다. 학명에 있는 *Euonymus*는 옛 그리스어로 '좋다'는 뜻의 eu와 '이름'이라는 뜻의 onoma라는 합성어에서 유래했다.

🌿 내가 관찰한 나무의 모습

잎은 두껍고 가장자리에 약간 뭉툭한 톱니가 있다. 푸른 빛을 띠는 하얀 꽃은 6~7월에 피는데 작은 꽃자루에 꽃이 터질 듯이 많이 핀다. 동그란

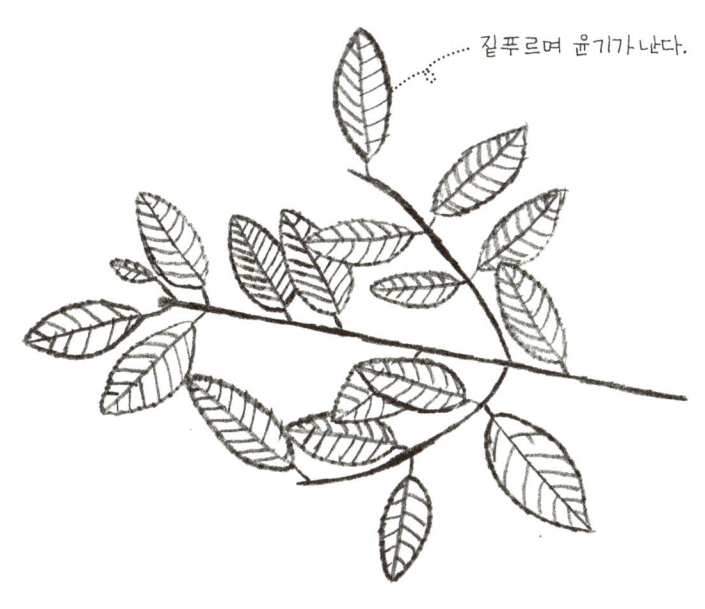

짙푸르며 윤기가 난다.

열매는 10월에 붉게 익는다. 열매가 네 갈래로 갈라져 그 사이로 진한 주황색 씨앗이 나오는 것이 마치 작은 애벌레가 깨어나는 모습 같다.

 잎과 열매가 아름답고 추위에 강해 주로 관상용이나 울타리용으로 심는다. 줄기는 질겨 튼튼한 줄을 만들기도 한다.

🌿 내가 조사한 나무에 얽힌 이야기

조선시대에는 바깥 남자가 집 안에 있는 여자의 얼굴을 볼 수 없게 작은 담을 만들었다. 돌담 대신 사철나무로 생울타리를 만들면 훨씬 자연스럽고 멋진 풍경을 연출할 수 있었을 것이다. 또 옛날 집은 대문이 남쪽에 있어 들어오는 손님들은 햇빛 때문에 눈이 부셔 안을 보질 못하지만 안에서는 바깥을 볼 수 있어 좋았다.

🌿 나무를 보고 느낀 점

사철나무의 잎은 추운 날씨에도 광합성을 하기 위해 다른 나무보다 푸르고 두껍다. 옛날에 365일 집안에 있던 여자들은 항상 색이 같은 사철나무로 만든 생울타리를 매일같이 보면 세월이 흘러가는지도 모를 것 같다. 매일 비슷한 일상을 살아가면서 옛날 여자들은 사철나무가 단풍이 들기를 가끔 원하지 않았을까?

속으로 묵은 잎을 떨구는 사철나무

조선시대 양반의 기와집 안채는 주인 마님을 비롯한 여성의 공간으로 대문에서 가장 멀다. 안채 바로 앞뜰에는 아무나 집 안을 훤히 들여다볼 수 없도록 사철나무를 주로 심었다. 이를 '문 앞의 병풍' 곧 문병(門屛)이라 한다. 사철나무는 사시사철 푸르기 때문에 항상 안채를 가릴 수 있고 뜰을 꾸미는 효과도 크다.

사철나무처럼 항상 두터운 윤기를 자랑하는 나무도 드물다. 달걀처럼 둥그스름한 잎은 테두리에 부드러운 물결 무늬가 흐르고, 겉은 초록 가죽처럼 두텁고 짙은 윤기가 빛난다. 이파리 한 장은 잎맥을 중심으로 정확하게 반으로 접을 수 있고, 둘씩 마주 나는 잎도 새싹 시절부터 쌍둥이처럼 마주 보며 자란다.

초여름에 피는 꽃은 하얀 꽃잎 4장을 십자 모양으로 펼치고, 그 겨드랑이마다 하얀 수술을 세워 올린다. 앙증맞게 작은 하얀 우주선이 십자 날개를 펼치고 착륙한 뒤 하얀 안테나 4개를 삐죽 내밀고 사방을 살피는 것 같다. 얼마나 재미있는 대칭인가?

늦가을이 되면 열매가 불그스름하게 익어 껍질이 십자로 갈라지고 밝은 선홍색의 열매가 얼굴을 내민다. 사철내내 무덤덤했던 초록 이파리 사이에 돋아나기 때문에 '꽃보다 예쁜 열매'라는 과찬을 듣는 것일까? 이수복 시인은 〈사철나무 裂果(열과)〉를 보고 "불싸라기들,/ 입술연질 안으로 짓이겨 찍는/ 으스스……/ 홋한 辰砂(진사)"라고 표현했다.

추운 겨울 하얀 눈 속에서 푸른 잎과 함께 붉은 열매를 단 모습이 옹골차게 선명하다. 조선시대에는 겨울 농한기에 열리는 전통혼례식 교배상에 사철나무 잎과 열매를 놓기도 했다. 진 웹스터의 『키다리 아저씨』에서도 주디가 크리스마스를 맞아 공장에 트리를 세우고 사철나무의 잎과 열매로 장식하며 즐거워하는 장면이 나온다.

사철나무는 타협이나 변절을 싫어한다. 심훈의 『상록수』에서 박동혁은 고향인 한곡리에 회관을 짓고 앞마당에 사철나무를 심었다. "겨울에도 잎사귀가 떨어지지 않는 교목(喬木)만 골라서 '봄이나 가을에 심어야 잘 산다'고 고집하는 회원들의 반대를 무릅쓰고 옮겨 심은 것이다."

데이비드 로렌스의 『아들과 연인』에서 오랜만에 집으로 돌아온 윌리엄은 사철나무로 장식한 크리스마스 트리를 보고 "정말 옛날 그대로군요, 어머니" 하며 감회에 젖는다. 토마스 하디의 『테스』는 사철나무 아래서 비를 피하며 에인절을 기다렸다가 자신의 불행한 과거에 대해 고백하고 만다. 사랑하는 에인절이 사철나무처럼 변치 않을 것이라고 믿었던 것일까?

장정일 시인은 〈사철나무 그늘 아래 쉴 때는〉 "계절이 달아나지 않고 시간이 흐르지 않아/ 오랫동안 늙지 않고 배고픔과 실직 잠시라도 잊거나/ 그늘 아래 휴식한 만큼 아픈 일생이 아물어진다면/ 좋겠다 정말 그랬으면 좋겠다"고 털어놓는다.

사철나무 이파리는 표면이 가죽처럼 단단하고 질기다. 이를 혁질(革質)이라 한다. 가죽 '革' 자는 짐승에게서 벗겨낸 가죽(皮)에서 털을 뽑고 지방을 제거하는 무두질을 거친 가죽을 뜻한다. 그래서 혁신(革新)을 하려면 '가죽을 벗기는 아픔'을 겪어야 한다고들 한다.

정말 사철나무는 사철내내 변하지 않는 것일까? 사철나무는 한번 돋은 잎을 평생 그대로 달고 있는 것이 아니라, 새잎을 돋아내면서 묵은 잎을 떨어뜨리기 때문에 항상 푸르게 보인다. 묵은 잎은 안에서 서서히 떨어지기 때문에 눈에 띄지 않을 뿐이다. 사철나무가 사철내내 푸를 수 있는 비결은 결국 내부에서 시작하는 끊임없는 자기 혁신인 셈이다.

향나무

학명	*Juniperus chinensis* L.
분류	겉씨식물 구과식물아강 구과목 측백나무과의 늘 푸른 큰키나무
분포지	한국, 일본, 중국, 러시아
다른 이름	노송나무
꽃말	영원한 향기

비 오는 어느 날, 우산을 쓰고 친구 집에 놀러 갔다. 친구가 큰길 대신 나무가 울창한 사잇길로 가면 더 빨리 갈 수 있다고 했다. 친구 뒤를 따라가면서 갑자기 어머니의 전화를 받다가 뾰족한 잎으로 둘러싸인 나무에 우산이 걸렸다. 우산을 흔들어 겨우 빼냈지만 나무에 있던 물이 떨어져 많이 젖었다. 아놔……

향나무는 나무에서 향기가 나는 데서 이름이 유래했다. 향기가 나는 줄기의 안쪽 부분을 제사에 사용하는 향으로 써왔기 때문에 향나무라 부른다고도 한다. 향이 너무 강해 '향나무는 자기를 찍는 도끼날에도 향을 묻힌다'라는 말도 있다.

🌿 내가 관찰한 나무의 모습

어두운 갈색을 띠고 거칠거칠한 줄기는 껍질이 얇고 길게 벗겨진다. 새로 나는 가지는 푸르지만 오래된 가지는 어두운 갈색으로 변한다. 잎은 가지가 보이지 않을 정도로 빽빽이 자란다. 수꽃은 4~5월에 가지 끝에서 노란 번데기처럼 피고, 암꽃은 구슬로 장식한 작고 붉은 연꽃처럼 달린다. 푸르고 동그란 열매는 9~10월에 어두운 자주색으로 익는다.

뾰족뾰족한 잎이 빽빽하게 나 있다.

정신을 맑게 한다 하여 옛날엔 절이나 궁궐에 많이 심었지만 가지 치기가 쉽고 가꾸기도 좋아 요즘엔 학교나 병원의 조경수로 심는다. 목재는 연필을 만드는 데 쓰이며 향에는 살균살충 효과가 있어 향료, 가구재, 장식재로도 사용된다.

🌿 내가 조사한 나무에 얽힌 이야기

노자(老子)의 『도덕경』(道德經)에는 향나무의 특징을 잘 나타내는 말이 있다. '향을 싼 종이에서는 향내가 나고 생선을 싼 종이에서는 비린내가 난다.' 어떤 사람이든 누구를 만나느냐에 따라 자신의 사람됨이 좋든 나쁘든 영향을 받는다는 뜻이다.

🌿 나무를 보고 느낀 점

보통 나무들은 꽃과 열매를 이용해 자기만의 향기를 내뿜는다. 하지만 향나무는 줄기에서부터 향이 난다. 어쩌면 우린 꽃과 열매처럼 항상 겉만 향기롭게 꾸미고 사는지도 모른다. 향나무처럼 마음속에서 향이 나는 사람이 진짜 향기로운 사람이라고 생각한다.

도끼의 날에도 향을 묻히는 향나무

신라 눌지왕 때 중국 양(梁) 나라에서 보내온 향(香)을 사용하는 방법을 알지 못했는데, 고구려에서 처음 불경을 가져온 묵호자가 향을 태우면서 소원을 빌면 정성이 신성한 곳에 이르기 때문에 귀신이 응답할 것이라고 설명했다. 마침 성국공주가 중병을 앓고 있어 묵호자가 향을 피우고 축원하여 낫게 해주었다.

  나무는 대부분 꽃에서 향기가 난다. 열매나 잎에서 향기를 풍기는 나무도 있다. 향나무는 나무 그 자체, 곧 목재에서 향기가 난다. 그 은은한 향기가 얼마나 깊으면 구천(九泉: 저승)에 이른다고 했을까? 그래서 죽은 사람의 제삿날에 향을 피워 그 귀신을 불러 대접하는 것이다.

  깊은 향을 만들려면 나이가 들수록 성품이 고상하고 너그러워야 하는 것일까? 어린 향나무는 짧고 까칠한 바늘잎으로 무장하지만, 7~8살이 되면 둥글고 부드러운 비늘잎을 두른다. 가지도 처음엔 푸른 빛을 띠지만, 2~3살이 되면서 붉은 빛이 돌다가 점점 검어지면서 흑갈색으로 멋스럽게 늙어간다.

  그 꽃은 얼마나 향기로울까? 글쎄, 향나무는 꽃을 보기가 어렵다. 쉽사리 꽃을 피우지 않는데다, 어렵사리 핀 꽃도 눈에 잘 띄지 않는다. 자란 지 15년쯤 지나야 꽃을 피우는데, 가지 끝이나 잎겨드랑이에 달린 작은 꽃은 그 색깔이나 향기에서 별로 관심을 끌지 못하는 편이다.

  향나무는 나무 그 자체의 향이 꽃이나 열매의 향보다 맑고 싱그럽다. 목재는 빛깔도 곱고 무늬도 아름다워 예로부터 품위 있는 가구나 조각의 재료로 쓰였다. 이제 향나무 상자는 귀중품을 간직하는 멋스러운 골동

품이 되었고, 향나무 연필은 싱그러운 학습의 즐거움을 간직하는 추억의 학용품이 되었다.

　장례의식에서 향을 피운 것은 죽은 사람의 몸에서 나는 불쾌한 냄새를 제거하기 위해서였다. 입관하기 전에 염습(殮襲)을 할 때도 향나무를 끓인 물로 시신을 닦은 뒤 수의를 입혔다. 지금은 제사나 차례에서 죽은 사람의 혼을 부르는 절차로 향을 태운다. 요즘은 마음을 가라앉히고 자신을 찾는 명상의 도구로 향을 피우는 사람들이 늘고 있다.

　향나무는 "독(毒)을 품어 향"을 만든다고 했던가? 임영석 시인은 〈향나무 단상〉에서 "날마다 수천 수만 마음에 침을 꽂"으며 "묵언수행 정진하"던 향나무는 "제 몸을 태워 만드는 삶의 길이 따로 있다"고 했다. 소신공양(燒身供養)이랄까? 스스로를 태워 세상을 향기롭게 하고 삿된 기운을 정화하는 것이다.

　20세기의 대표적인 종교화가인 조르주 루오의 판화〈미제레레〉58점은 예수의 죽음을 소재로 1차 세계대전에 대한 분노와 비탄을 표현한 작품이다. 이 가운데 '의로운 사람은 향나무처럼 자기를 찍는 도끼의 날에도 향을 묻힌다'는 설명이 붙은 작품이 있다. 정채봉 시인도 "향나무는 찍는 도끼에도 향을 묻히나 옻나무는 가까이 하는 사람에게도 피부병을 전한다"고 했다.

　수천 년 전부터 전해오는 인도의 잠언시집 『수바시타』는 향나무의 살신성인(殺身成仁)을 일찌감치 알고 있었다. "나 아닌 것들을 위해/ 마음을 나눌 줄 아는 사람은/ 아무리 험한 날이 닥쳐오더라도/ 스스로 험해지지 않는다/ 갈라지면서도/ 도끼 날을 향기롭게 하는/ 전단향나무처럼."

동백나무

학명	*Camellia japonica* L.
분류	쌍떡잎식물 측막태좌목 차나무과의 늘 푸른 작은키나무
분포지	한국, 일본, 중국
다른 이름	다매(茶梅), 산다목(山茶木)
꽃말	신중, 허세부리지 않음

추운 겨울 할머니 칠순 잔치를 마치고 부산 동백섬에 놀러 갔다가 산책로에서 빨간 꽃이 핀 걸 봤다. 겨울엔 꽃이 피지 않는데 잘못 본 것이 아닌가 하는 생각이 들었다. 가까이 가서 설명한 글을 보니 이 나무는 동백나무인데 꽃이 겨울에 핀다고 적혀 있었다. 동백나무가 많아서 동백섬이라고 불리는 걸 그제야 알았다.

　겨울에도 잎이 푸르다고 하여 동백(冬栢)이라고 불린다. 한자로 된 이름이지만 우리나라에서만 사용한다. 1700년경 체코슬로바키아 선교사인 게오르그 조제프 카멜(Georg Joseph Kamel)이 일본에서 동백나무를 채집하여 유럽에 퍼트렸다. 카멜리아(*Camellia*)라는 학명은 선교사의 이름을 따 만든 것이다.

🌿 내가 관찰한 나무의 모습

꽃은 추운 1월부터 4월까지 붉게 핀다. 대부분의 꽃은 나비와 벌이 꽃가루를 암술에 묻히는 충매화(蟲媒花)지만 동백나무는 새가 하는 조매화

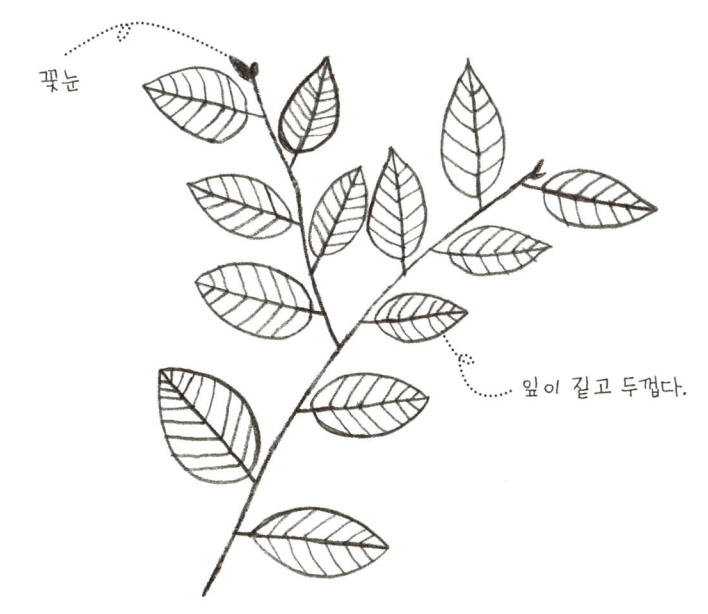

꽃눈

잎이 길고 두껍다.

(鳥媒花)다. 그 새가 바로 동박새다. 동박새는 꽃을 뒤져 꿀을 찾다가 부리에 묻은 꽃가루를 암술에 묻혀 수정을 도와준다. 동박새 덕에 맺힌 열매는 9~11월에 열리며 둥글고 검은 갈색의 씨가 들어 있다.

  옛날부터 동백씨에서 짠 기름은 머릿결을 촉촉하고 부드럽게 해줘 여자들의 머릿기름으로 많이 썼다. 목재가 치밀하고 닦으면 광택이 나서 주로 전통악기의 재료나 고급 가구재로 사용한다.

🌿 내가 조사한 나무에 얽힌 이야기

옛날 어느 나라의 왕이 아들이 없어 동생의 아들에게 왕의 자리를 넘겨야만 했다. 권력에 눈먼 왕은 동생과 그의 두 아들을 붙잡고선 동생에게 자식들을 죽이라 했다. 동생은 아버지로서 아들을 죽이지 못해 결국 자살했고 왕은 화가 나 두 아들을 죽였다. 갑자기 벼락이 머리에 떨어져 왕은 즉사했고 동생이 죽은 곳엔 동백나무 한 그루가 자랐다. 하늘에선 동박새 두 마리가 내려와 동백나무 가지 위에 앉았다.

🌿 나무를 보고 느낀 점

공생(共生)관계란 떨어지면 살기 힘들어 늘 서로 도와주며 의존하는 관계를 말한다. 동백나무와 동박새가 그렇다. 만약 동박새가 동백꽃에 있는 꿀을 찾지 않았으면 동백나무는 제대로 번식하지 못했을 것이다. 마찬가지로 동백꽃에 꿀이 없었다면 동박새도 제대로 먹지 못했을 것이다. 동백나무와 동박새는 서로 도와준다는 걸 알고 있을까? 만약 안다면 자신의 작은 행동이 남에게 보탬이 된다는 걸 깨닫고는 기분이 뿌듯해 더 도와주지 않을까?

붉은 순정을 터뜨리는 동백나무

프랑스의 소설가 알렉상드르 뒤마가 쓴 〈춘희〉(椿姬)의 주인공 마르그리트 고티에는 한 달 가운데 25일은 흰 동백꽃으로, 나머지 5일은 빨간 동백꽃으로 치장하고 사교 모임에 나타난다. 여성에게 한 달에 한 번씩 일어나는 몸의 변화를 은유적으로 드러낸 것이다. 이탈리아의 작곡가 베르디는 이를 토대로 오페라 〈라트라비아타〉(La Traviata)를 만들었다.

체코슬로바키아의 선교사 게오르그 카멜은 필리핀에서 차나무와 비슷한 나무를 발견하여 18세기 초 유럽에 소개했다. 당시 포르투갈이 차(茶)를 독점하던 가운데, 같은 차나무과의 동백을 차나무로 잘못 알고 재배하는 바람에 유럽에 널리 퍼졌고, 〈춘희〉의 성공에 힘입어 18세기 중반 유럽의 사교계에서 동백꽃 장식이 크게 유행했다.

동백은 매우 고집스런 꽃이다. 아직 찬바람이 남아서 가끔 철 늦은 눈을 흐트리는 때이른 봄에, 귀부인처럼 두껍고 짙푸른 잎을 두르고 정열적인 붉은 꽃을 피우는 모습이 옹골차게 고집스럽다. 무슨 심보일까? 추운 날씨에 굳이 망울을 터뜨리더니 반쯤 피었다가 도로 닫아버린다.

누가 그 고집을 꺾으랴? 추한 모습은 절대 보이지 않는다. 화려하게 피었다가 초라하게 시들기는 싫다. 붉다 붉어 더 이상 붉을 수 없을 때 꽃을 송이째로 떨궈버린다. 남자에게 농락당하고 버림받은 비련의 여인처럼 처연하다. 〈춘희〉에서 버림받은 고티에는 결핵에 걸려 동백꽃처럼 붉은 피를 토하며 쓸쓸하게 죽었다. 누구던가? 동백꽃을 떨군 자가?

동백의 낙화(落花)는 극적이다. 조용한 동백나무 숲에서는 꽃이 떨어지는 소리가 들릴 정도다. 송찬호 시인은 "바람이 저 동백꽃을 베어 물고/ 땅으로 뛰어 내"린다고 했고, 문정희 시인은 "뜨거운 술에 붉은 독약 타서 마시고/ 천길 절벽 위로 뛰어내"린다고 했다.

동백은 정열적인 여인의 꽃이다. 붉은 꽃잎 속에서 터져 나온 노란 꽃술은 다홍치마에 걸친 노랑저고리처럼 아름답다. 〈변강쇠전〉에서 옹녀는 고향에서 쫓겨날 때 "파랑 봇짐 옆에 끼고 동백 기름을 많이 발라 낭자를 곱게 하고 산호비녀를 찔렀"다. 동백골의 아낙네들은 동백기름을 발라 검은 머릿결에 촉촉한 윤을 내고, 동백나무 얼레빗으로 삼단 같은 머릿결을 땋거나 쪽을 지었다. 또 동백기름으로 밝힌 호롱불 아래서 바느질을 하고, 손때 묻은 삼층장을 동백기름으로 반질반질하게 닦았다.

찬바람에 하얀 눈을 덮어쓰고 핀 동백은 붉다 못해 눈이 시리도록 뜨거워 보인다. 허청미 시인은 "언 산방에 지피는 동백꽃불"에 눈이 부셨고, 정훈 시인은 "차가울사록/ 사모치는 정화(情火)/ 그 뉘를 사모하기에/ 이 깊은 겨울에 애태워 피는가" 궁금하게 여겼다.

가슴 속에서 순정이 터질 것 같을 때 시인들은 어떻게 할까? 신석정 시인은 〈오동도엘 가서〉 "동백꽃보다/ 진하게 피맺힌/ 가슴을 열어" 보려고 했고, 유치환 시인은 "그대 위하여선/ 다시도 다시도 아까울 리 없는/ 아아 나의 청춘의 이 피꽃"을 바치려 했다.

붉은 순정이 터져버린 서러운 그늘에 가면 붉게 "멍든 눈흘김"이 남아있다. 김용택 시인은 "다시는 울지 말자/ 눈물을 감추다가/ 동백꽃 붉게 터지는/ 선운사 뒤안에 가서/ 엉엉 울었"고, 가수 이미자의 〈동백아가씨〉는 "그리움에 지쳐서 울다 지쳐서/ 꽃잎은 빨갛게 멍이 들었"다.

동백은 왜 해마다 그렇게 애틋한 순정을 담아 피었다가 또다시 서러움에 멍들어 지는 걸까? 최영미 시인은 해마다 〈선운사에서〉 되뇌인다. "꽃이 피는 건 힘들어도/ 지는 건 잠깐이더군/ … (중략) … / 꽃이 지는 건 쉬워도/ 잊는 건 한참이더군/ 영영 한참이더군."

회양목

학명	*Buxus microphylla* var. *Koreana Nakai.*
분류	쌍떡잎식물 무환자나무목 회양목과의 늘 푸른 중간키나무
분포지	한국, 일본, 중국
다른 이름	도장나무, 황양목(黃楊木)
꽃말	냉정, 인내

가족과 경기도 성남에 있는 신구대학 식물원에 갔다가 어떤 작은 나무를 사슴 모양으로 다듬은 걸 봤다. 그 모습이 신기하고 아이디어가 기발하다고 느꼈다. 가까이 가보니 그 나무는 우리 집 앞 화단에도 있는 회양목이었다. 집 근처나 공원에서 또는 길을 가다가 자주 볼 수 있어 정말 친근한 나무다.

회양목은 북한에 있는 강원도 회양(淮陽)에 많이 분포해 붙은 이름이다. 옛날 서양에선 줄기를 엮어 상자를 만들어 box tree라 한다. 학명에 있는 *Buxus*는 라틴어로 box라는 뜻이고 *Koreana*는 우리나라가 원산지인 걸 알려준다. 줄기 속이 연노래서 황양목(黃楊木)이라고도 불린다.

🌿 내가 관찰한 나무의 모습

두꺼운 타원형 잎은 새끼손톱만하다. 꽃은 4~5월에 연노란 말미잘이 가지에 다닥다닥 붙은 것처럼 예쁘게 핀다. 도깨비뿔처럼 생긴 암술머리가

타원형에 연푸른색
크기는 개미 한 마리만하다.

달린 연푸른 열매는 6~7월에 갈색으로 익는다.

   크기는 난쟁이처럼 작지만 오랫동안 천천히 자라서 재질이 치밀하고 단단해 조각재, 도장 또는 지팡이를 만드는 재료로 많이 사용한다. 꾸민 모습이 아름다워 주로 조경용이나 울타리로 심는다. 사슴 말고 기린이나 코끼리 모양도 만들어 동물원으로 꾸미면 재미있을 것 같다.

내가 조사한 나무에 얽힌 이야기

사랑의 여신 비너스의 제사에 회양목을 태우면 벌로 남성의 생식 기능을 빼앗는다는 무서운 전설이 있다. 아마 비너스가 애지중지 키워온 회양목을 제사에 쓰면 벌을 줬던 것 같다. 터키에선 장례식 때 회양목을 묘지에 심으면 다음 생에 장수하라는 뜻으로 받아들인다.

나무를 보고 느낀 점

보통 사람들은 작으면 힘이 약하고 쓸모가 없는 줄 알고 무시하는 경우가 많다. 회양목은 난쟁이처럼 작지만 자신보다 큰 나무보다 도장이나 지팡이로 쓸 정도로 단단하다. 작은 고추가 맵듯이 회양목은 '작은 나무가 단단하다'라는 말의 주인공이다.

콰지모도처럼 정원을 지키는 회양목

빅토르 위고의 소설 『노틀담의 꼽추』에서 집시 처녀 에스메랄다는 애완 염소 잘리가 나무로 된 알파벳 문자판으로 우연히 글자를 만드는 바람에 염소가 마법을 부린다 하여 마녀로 몰렸다. 꼽추 콰지모도가 못생기고 불행한 자신보다 신세가 차라리 낫다고 부러워하던 귀여운 염소다. 잘리가 목에 달고 다니는 나무 알파벳은 회양목으로 만든 것이다.

회양목은 목재가 노르스름해서 처음에 황양목(黃楊木)이라 불렸다가, 강원도 회양(淮陽)에서 자라는 나무가 가장 유명했기 때문에 '회양목'이라는 이름을 갖게 됐다. 금강산 비로봉을 끼고 있는 회양은 송강 정철의 〈관동별곡〉에 등장할 정도로 산세가 아름답다.

회양은 아름답지만, 회양목은 볼품없어 보인다. 잎도 작고 키도 작다. 납작보리처럼 생긴 잎은 통통하게 살이 쪘다는 느낌이 들 정도로 두껍고 윤기가 반질거린다. 쬐그만한 게 자기도 상록수라고 앙증맞게 뻐기는 듯하다. 꽃도 작고 열매도 작다. 언제 꽃이 피었는지 언제 열매가 달렸는지 눈치조차 채지 못할 정도다. 콰지모도가 그랬을까?

키가 작아 감히 나무의 숲에 들어갈 엄두를 내지 못했을까? 회양목은 땅이 거칠고 바위가 많은 곳에서 잘 자란다. 요즘은 조경수로 개발되어 마당이나 공원은 물론 주변 어디서나 쉽게 볼 수 있다. 열악한 환경에서 잘 자라고 가지치기로 모양을 단정하게 다듬을 수 있기 때문이다.

키가 작아 험한 땅으로 쫓겨난 게 아니라, 험한 땅에서 자라니 키가 작은 게 아닐까? 회양목은 자라는 속도가 매우 더디다. 1년에 한 치(3센티미터)씩 자라는데, 윤달이 끼면 한 치씩 작아진다는 속설이 있을 정도다.

그래서 하는 일이 매우 더딘 상황을 빗대어 '윤달에 회양목'이라고 한다.

더딘 만큼 치밀하다. 줄기를 지나는 물관세포가 작고 고르게 분포하기 때문에 목질이 곱고 단단해서 글을 새기는 데 좋다. 그래서 별명이 '도장나무'다. 세계에서 가장 오래된 목판인쇄본인 『무구정광대다라니경』도 회양목으로 만든 것으로 추정되고 있다. 조선 정조 때의 생생자(生生字)를 비롯해서 많은 목판활자들도 대부분 회양목으로 만들었다.

조선시대에 진사나 생원 같은 양반들은 회양목으로 만든 호패(號牌)를 좋아했다. 호패는 16세 이상 남자가 차고 다니는 신분증명서로, 앞면에 생년월일과 벼슬한 해의 간지를 새기고 뒷면에 관아의 낙인을 찍었다. 고대 그리스에서도 회양목으로 신분증을 만들었다. 시민배심원들은 재판정에 출두할 때 자신과 아버지의 이름을 새긴 신분증을 제시했다.

그리스 신화에서 호수의 요정 살마키스는 하는 일 없이 매일 수면을 거울 삼아, 회양목 빗으로 이리저리 빗어보며 머리를 단장하는 일로 시간을 보냈다. 조선시대에 회양목으로 만든 얼레빗이 최고였던 것처럼, 고대 로마에서도 회양목으로 만든 빗의 가격을 높게 쳐주었다. 15세기께 영국에서 등장한 골프도 처음에는 회양목으로 만든 공을 사용했다.

『보바리 부인』엠마는 만종 소리가 들리는 가운데 교회지기가 회양목의 가지를 치는 장면을 바라보면서 꿈많았던 처녀 시절을 회상한다. 『적과 흑』에서 줄리앙 소렐을 연모하는 레날 부인은 회양목으로 꾸민 산책길을 새로 단장한다. 『삶의 한가운데』에서 니나와 연인 슈타인은 회양목 울타리를 따라 정원을 산책하며 일상의 행복에 감사하곤 했다.

회양목은 콰지모도처럼 충직하다. 에스메랄다(독일 장미) 곁에서 낮고 충직하게 울타리를 지킨다. 장미가 없는 회양목은 쓸쓸해 보인다. 회양목이 없으면 장미는 금방 꺾어버릴 것이다. 장미가 가장 붉게 만발할 때 회양목은 그 짙푸른 힘을 한껏 둘러 울타리를 지킨다.

매화나무

학명	*Prunus mume S. et Z.*
분류	쌍떡잎식물 장미목 장미과의 잎지는 중간키나무
분포지	한국, 중국
다른 이름	매실나무
꽃말	고격, 기품, 고결, 결백, 정조, 충실

분당 중앙공원에 있는 약수터에 물을 받으러 페트병 2개를 들고 갔다. 물이 너무 천천히 나와 꽉 찰 때까지 근처를 둘러보다가 옆에 있던 아주머니들이 어떤 나무 밑에서 푸른 열매를 줍는 걸 봤다. 어딘가 쓸모 있는 열매인 것 같아 하나 주웠더니 한 아주머니께서 매실이라고 말씀해주셨다. 평소에 마시던 매실주스가 이런 열매로 만든다는 것이 신기했다.

꽃을 보고 매화(梅花)라고 하며 열매를 매실(梅實)이라고 한다. 따라서 매화나무와 매실나무는 같은 나무다. 학명에 있는 *Prunus*는 영어로 plum 즉 자두를 뜻하는 데서 유래했다.

🌱 내가 관찰한 나무의 모습

무성하고 곧은 가지는 여기저기 삐뚤빼뚤 난다. 약간 붉은 빛이 도는 흰 꽃은 4월에 잎보다 먼저 피고 달콤하며 진한 향기가 난다. 푸른 잎은 가장자리에 자잘한 톱니 모양이 있는 달걀처럼 생겼다. 털이 있는 푸른 왕사탕 같은 열매는 7월부터 점점 노랗게 익는다.

매실은 약 같은 과일이다. 구토, 식중독, 해열 등 여러 질병에 좋기 때문이다. 음료로 담가 매실주나 매실주스를 만들기도 하고 과자로도 먹는다.

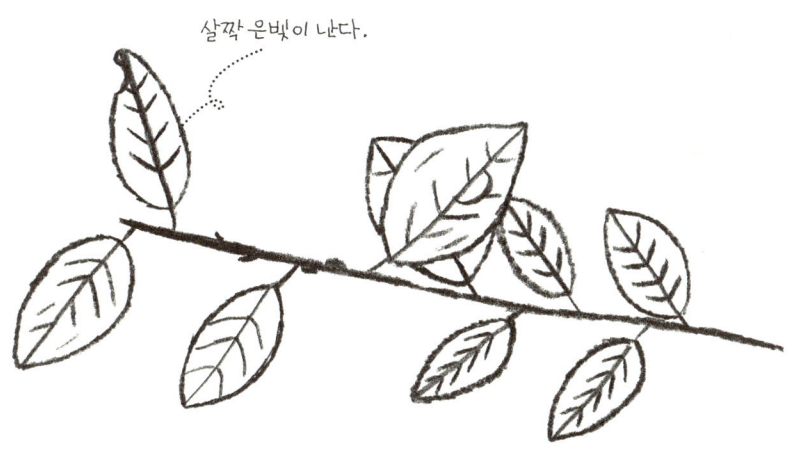
살짝 은빛이 난다.

사군자(四君子) 중 하나인 매화는 선비의 기개를 닮았다 하고 사랑 또는 회춘을 상징하는 나무 중에서 으뜸으로 치며 시나 그림의 소재로도 많이 등장한다.

🍃 내가 조사한 나무에 얽힌 이야기

고려 때 그릇을 만드는 총각이 있었는데 그의 약혼녀가 결혼하기 사흘 전에 죽고 말았다. 약혼녀의 무덤에 매화나무가 피자 총각은 처녀의 넋이라고 생각하고 집 안에 옮겨 심었다. 총각이 결혼도 하지 않고 늙어 죽자 사람들은 시신을 관에 넣고 그가 마지막으로 만든 그릇을 넣으려 했다. 갑자기 그릇에서 새가 튀어나왔는데 그 새가 바로 꾀꼬리다. 그래서 총각의 넋인 꾀꼬리는 언제나 매화나무 가지에 앉아 운다고 한다.

🍃 나무를 보고 느낀 점

만약 그 총각이 선비였다면 자신이 만든 그릇에 매화를 그려 넣지 않았을까? 결혼하기 전에 죽어버린 약혼녀의 넋인 매화나무를 말이다. 꽃과 열매에서 나는 향기는 약혼녀와 나누던 달콤하고 진한 사랑을 담아서 그럴 것이다. 만약 매화 그림이 있는 그릇에서 매화 향기가 난다면 안에 담은 것들이 달콤하게 느껴져 사람들이 더 좋아하지 않을까?

추워도 향기를 팔지 않는 매화나무

　소크라테스는 독배를 든 뒤 "아스클레피오스에게 닭 한 마리를 빚졌네. 꼭 갚아주게"라는 유언을 남겼다. 괴테는 "좀 더 빛을"(Mehr Licht!) 달라고 하고, 퇴계 이황은 "매화 화분에 물을 주라"고 당부했다. 퇴계는 매화를 '매형'(梅兄)이라 부르며 극진히 아꼈다.

　매화는 꽃이 아름답고 향기가 그윽하며 모양도 기품 있어 선비들의 사랑을 받는 나무다. 조선 때 강희안은 『양화소록』(養花小錄)에서 화목구품(花木九品)이라 하여 꽃을 아홉 등급으로 나누면서 매화를 일품으로 꼽았다. 꽃봉오리를 오므려 함부로 벌리지 않으며 살찌지 않고 청빈한 데다 늙어도 아름다우며 아무 데서나 번식하지 않기 때문이다.

　설중매(雪中梅)라는 별명답게 북풍한설이 아직 매서운 이른 봄에 벌이나 나비 같은 벌레들이 오기 전에 혼자 고고하고 청아하게 꽃을 피운다. 조선 말기 시조시인 안민영은 〈매화사〉(梅花詞)에서 '빙자옥질'(氷姿玉質, 얼음처럼 맑고 옥처럼 고운 모습)과 '아치고절'(雅致高節, 알뜰하고 곱고 높은 절개)이라 표현했다.

　아리따운 요염(妖艶)이나 무르익은 농염(濃艶)보다 곱게 절제하는 냉염(冷艶)을 추구한다. 얼마나 많은 선비들이 그 냉염한 자태에 애를 태우고 넋을 잃었던가? '매화는 아무리 추워도 향기를 팔지 않는다'(梅一生寒不賣香)고 했다. 이인로는 "눈(雪)으로 옷 해 입고 향기로운 입술로 새벽이슬"을 마시는 선녀로 표현했다. 월북작가 이태준은 "송이마다 꽃술이 총기있는 계집애 속눈썹처럼 또릿또릿"한 매화를 사랑했고, 복효근 시인은 "내 첫 가시내의 그 작은 젖꼭지 같은" 꽃봉오리를 연모했다.

중국 송나라의 소동파는 매화에 빠져 헤어날 줄 몰랐다. "매화만 생각하는 것이 너무 지나친 것 같다. 백벌주나 몇 잔 더 마시고 싶네 (留連一物吾過矣 笑飮百罰空罍樽)". 비슷한 시대의 은둔시인 임포(林逋)는 매화를 아내로, 학(鶴)을 아들로 삼았다. 그래서 '매처학자'(梅妻鶴子)로 불렸다.

얼마나 아름다우면 그림자까지 칭송했을까? 임포는 〈산원소매〉(山園小梅)에서 "맑고 얕은 물에 드리운 성긴 그림자(疎影橫斜水淸淺)"를 사랑했다. 김시습은 "매화 그림자 가득한 창에 처음 밝아오는 달(滿窓梅影月明初)"을 좋아했고, 안민영은 "매영(梅影)이 부딪친 창"의 풍류를 즐겼으며, 김광섭은 "정월달에 한국의 창호지에는 매화가 핀다"고 했다.

'매화는 매서운 추위를 겪어야 맑은 향기를 낸다'(梅經寒苦發淸香). 향기가 얼마나 맑으면 '귀로 듣는 향기'라고 했을까? 바늘 떨어지는 소리도 들릴 만큼 마음을 가다듬은 잔잔한 분위기에서 진정한 향기를 느낄 수 있다는 이야기다. 청향(淸香)이 청향(聽香)으로 승화하는 순간이다.

이쯤 되면 매화는 더 이상 속세의 꽃이 아니다. 도(道)를 상징한다. 당나라의 맹호연이 '파교'라는 다리를 건너 눈 속에서 매화를 찾아다녔다는 답설심매(踏雪尋梅)의 고사는 파교심매도(灞橋尋梅圖)가 되어 구도(求道)의 모습을 보여준다. 매처학자 임포가 매화가 만발한 서재에서 책을 읽는 〈매화서옥도〉(梅花書屋圖)는 득도(得道)의 풍경이다.

이육사 시인은 〈광야〉에서 "지금 눈 내리고/ 매화향기 홀로 아득하니/ 내 여기 가난한 노래의 씨를 뿌려라"고 다짐했고, 김광림 시인은 "가야산 독경소리"가 들리는 가운데 "오늘은/ 철 늦은 서설이 내려/ 비로소 벙그는/ 매화 봉오리"를 보고 반가워했다.

어쩌랴! 추운 날씨에 눈 속의 매화를 찾아 나서기(探梅)는 싫고, 풍요로운 가을에 탐스런 매실만 탐(貪梅)하는 속세의 나는 하릴없이 매화를 탓하는 수밖에……. 〈매화타령〉이나 해야지. "좋구나 매화로다 어야 더야 어허야 에~ 디여라 사랑도 매화로다."

생강나무

학명	*Lindera obtusiloba Blume*
분류	쌍떡잎식물 미나리아재비목 녹나무과의 잎지는 중간키나무
분포지	한국, 일본, 중국, 인도
다른 이름	개동백, 산동백, 황매목, 새양나무, 아기나무
꽃말	수줍음

감기에 걸렸을 땐 땀을 흘리면 좋다는 아버지의 말씀에 따라 집 뒤에 있는 불곡산에 함께 올라갔다. 산중턱에 다다르자 갑자기 냄새를 맡아보라며 나뭇가지를 꺾어주셨는데 속에서 생강 냄새가 살짝 났다. 생강차를 많이 마시라고 의사가 말한 것이 생각나 가지를 여러 개 꺾어 집에 가져갔다. 가지를 내밀며 생강차를 끓여달라고 하니 어머니께선 이건 생강이 아니라고 하셨다.

생강나무는 가지나 잎을 꺾어 맡아보면 생강 냄새가 난다. 그래서 생강나무란 이름이 붙었다. 뿌리를 양념으로 쓰는 생강은 풀이고, 잎을 나물로 먹는 생강나무는 나무이므로 둘은 서로 다른 것이다.

🌿 내가 관찰한 나무의 모습

우리나라 숲 속 나무들 중 꽃이 제일 먼저 피는 것은 바로 생강나무다. 이른 봄에 노란 꽃은 추워서 목을 잔뜩 움츠리는 것처럼 가지에 다닥다닥 붙어 있다. 잎은 끝이 뭉툭한 것과 세 갈래로 갈라진 것이 있다. 뭉툭한 잎은 코끼리 발자국처럼 생겼고 갈라진 잎은 공룡 발자국처럼 생겼다. 생강

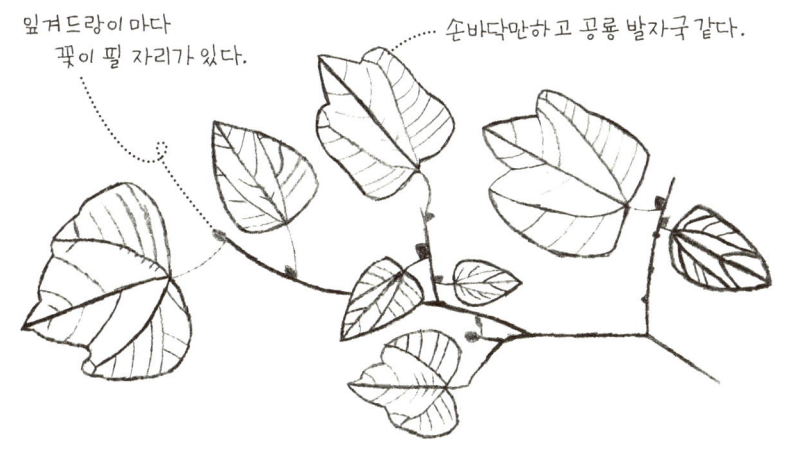

잎겨드랑이 마다 꽃이 필 자리가 있다.

손바닥만하고 공룡 발자국 같다.

나무는 단풍도 노랗다. 가을에 길에선 은행나무가 제일 노랗지만 산에선 생강나무가 가장 노랗다.

　잔가지나 뿌리를 잘게 썰어 달여 마시면 멍들고 삔 데 효과가 있다. 어린 잎은 쌈을 싸먹거나 나물로 무쳐 먹는다. 열매는 기름으로 짜서 고급 머리 기름이나 어둠을 밝히는 등불연료로 쓰였다. 열매 기름이 동백 기름과 비슷해 '개동백' 또는 '산동백' 이라고도 불린다.

🌿 내가 조사한 나무에 얽힌 이야기

옛날에 단군의 아버지 환웅이 3천 명을 이끌고 나라를 세웠는데 환인 천제가 그 나라의 미래를 걱정했다. 그는 환웅에게 생강나무를 주면서 상처를 빨리 아물게 하고 출산한 뒤 기력을 신속하게 회복시킨다고 설명했다. 환인 천제는 눈이 먼 사람도 쉽게 찾을 수 있게 일부러 생강의 향을 넣었다. 환웅은 나라에 돌아가 생강나무를 심고 홍익인간(弘益人間)의 뜻을 실천했다.

🌿 나무를 보고 느낀 점

요즘 생명공학 기술이 발달하여 뿌리, 열매, 잎 등 여러 부위를 먹을 수 있는 식물들이 나오고 있다. 가지에 토마토가 열리고 뿌리에 감자가 열리는 것을 토감이라 한다. 뿌리는 무지만 잎에 배추가 나는 것은 무추라 한다. 그러면 생강나무 뿌리에 생강이 열리는 나무를 만든다면 뭐라고 부를 것인가?

산골 가시내처럼 억척스런 생강나무

 소설가 김유정의 〈동백꽃〉에 등장하는 주인공은 어수룩한 숫총각이다. 마름집 딸인 점순이의 애정 공세를 눈치채지 못하던 가운데, 홧김에 그 집 닭을 때려죽인 약점을 잡혀 찍소리도 못 하고 갑자기 점순이의 품에 안겨 쓰러지는 모습이 순박하고 우스꽝스럽다.

 "″닭 죽은 건 염려 마라. 내 안 이를 테니.″ 그리고 뭣에 떠다밀렸는지 나의 어깨를 짚은 채 그대로 퍽 쓰러진다. 그 바람에 나의 몸뚱이도 겹쳐서 쓰러지며 한창 피어 퍼드러진 노란 동백꽃 속으로 푹 파묻혀버렸다. 알싸한, 그리고 향긋한 그 냄새에 나는 땅이 꺼지는 듯이 온 정신이 고만 아찔하였다."

 '노란 동백꽃'은 없다. 동백나무의 꽃은 대부분 붉은데, 드물게 분홍이나 흰빛을 띠는 동백꽃이 있을 뿐이다. 동백나무와 전혀 다른 나무인 쪽동백은 꽃이 희다. 개동백, 산동백, 올동백이라고도 불리는 생강나무는 꽃이 노랗다. 그러니까 김유정의 〈동백꽃〉은 사실 '생강나무꽃'이다.

 생강나무는 무채색의 겨울 산에 제일 먼저 봄 색깔을 입히는 나무다. 봄을 먼저 알리는 풀로 복수초, 제비꽃, 봄맞이꽃, 얼레지 따위를 꼽을 수 있지만, 산의 풍경을 바꿀 정도는 아니다. 매화, 영춘화, 산수유, 개나리 같은 나무는 산에서 마주치기 어렵다. 따라서 이른 봄에 산에서 노란 꽃을 피우는 나무는 거의 대부분 생강나무라고 보면 된다.

 이렇게 성미 급한 나무가 또 있을까? 가장 먼저 봄을 알리려니 일단 꽃부터 틔우고 보자는 심산이다. 너무 서두른 탓일 게다. 꽃자루도 짧고, 노란 꽃도 제대로 다듬지 못한 더벅머리처럼 엉성하다. 손바닥만한 이파리도 되는 대로 뭉텅뭉텅 찍어낸 것 같다. 해가 짧아지면 후다닥 누런 단풍을 만들어놓고, 찬바람이 불기 시작하면 일찌감치 떨구어버린다.

이처럼 까탈스런 나무가 또 있을까? 봄에 배시시 샛노란 눈웃음을 치다가, 여름이면 쉬 토라져 퉁명스런 이파리 뒤에 숨어버리고, 가을에 예쁜 단풍을 내밀며 새초롬이 다가왔다가, 겨울이면 삐친 듯 차갑게 이파리를 떨궈버린다. 까탈스런 점순이 성격 그대로다.

〈정선아리랑〉을 보면 생강나무(올동박) 열매를 따러 가려다 갑자기 물이 불어나자 나루터에서 애를 태우는 산처녀가 나온다. "아우라지 뱃사공아 배 좀 건너주게/ 싸리골 올동박이 다 떨어진다/ 떨어진 동박은 낙엽에나 쌓이지/ 사시장철 님 그리워서 나는 못살겠네." 다른 아리랑에도 아주까리 동백기름을 바른 봄처녀들이 바람나는 장면이 자주 등장한다. 비싼 동백(동백나무) 기름은 부잣집 마나님이나 바르지, 여염집 가시내들은 싸구려 동백(생강나무) 기름도 마냥 즐겁다.

이름도 없는 설움을 누가 알까? 생강나무는 가지에서 나는 냄새가 생강과 비슷해서 붙은 이름이고, 개동백은 동백기름을 만드는, 흔해 빠진 가짜 동백나무라는 뜻이다. 어쩌면 생강나무는 더벅머리 산처녀처럼 숨어 살면서 제대로 된 이름 하나 받지 못했을까?

그래서 김호진 시인은 〈생강나무〉가 "이른 봄 산수유보다 한 뼘 먼저/ 한 움큼 더" 꽃을 피우면서, "지난 겨울 아궁이보다 한 겹 더 어두운/ 아니 한 길 더 깊은 그을음 냄새가 난다"고 했을까?

생강나무는 아무도 심어주지 않는다. 아무도 예쁜 이름 하나 붙여주지 않고, 상냥하게 불러주지도 않는다. 아무도 돌봐주지 않는 숲 속에서 혼자 살아가는 가시내처럼 억척스럽다.

봄은 제일 먼저 생강나무에게 다가가 말을 건 뒤, 결국 온 숲을 봄으로 꿈틀거리게 만든다. 봄의 요정이 두드리는 생명의 지팡이는 아마 생강나무로 만들었을 것이다.

산수유

학명	*Cornus officinalis S. et Z.*
분류	쌍떡잎식물 산형화목 층층나무과의 잎지는 중간키나무
분포지	한국, 중국
다른 이름	석조(石棗), 홍초피(紅棗皮)
꽃말	호의를 기대한다, 불변의 사랑

아버지와 산 아래에 있는 풀밭 운동장에서 축구를 했다. 다 마치고 집에 가다 소공원에서 아버지가 갑자기 멈추더니 어떤 나무에서 빨갛고 둥근 열매를 따기 시작하셨다. 그 열매를 보여주며 산수유는 술로 담궈 마시면 몸에 좋다고 말씀하셨다. 술을 마시지도 않고 마실 수도 없지만 먹음직스러운 열매로 만든 술은 어떤 맛일지 궁금했다.

🌿 내가 관찰한 나무의 모습

산수유는 열매가 빨갛다. 땅콩만한 열매는 달고 떫떠름하다. 산수유의 이름을 보면 산(山)에서 자라고, 수(茱)는 열매가 빨갛게 익고, 유(萸)는 열매를 그냥 먹을 수 있다는 뜻이다. 그런데 이름과 달리 산보다는 집 근처에서 많이 볼 수 있다.

꽃은 3~4월에 잎보다 먼저 핀다. 노란 꽃을 위에서 보면 쌀 미(米)자처

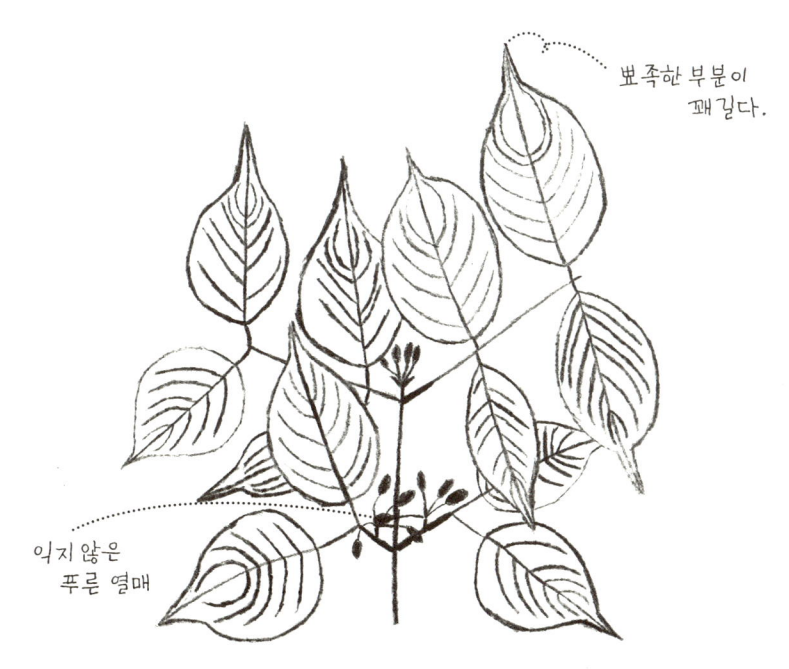

뾰족한 부분이 꽤 길다.

익지 않은 푸른 열매

럼 보이고 옆에서 보면 우산처럼 생겼다. 비가 올 때 멀리서 산수유를 보면 작고 노란 우산이 셀 수 없이 많이 모여서 큰 노란 우산이 된 것 같다.

열매는 한약재로 쓸모가 매우 많다. 열매로 돈을 많이 벌어서 자식을 대학까지 보낸다고 해서 '대학나무'란 별명도 있다.

🌿 내가 조사한 나무에 얽힌 이야기

'임금님 귀는 당나귀 귀'라는 이야기에서 산수유가 나온다. 임금님 모자를 만들던 사람이 임금님 귀는 당나귀 귀처럼 크다는 비밀을 지키려다 하도 답답해서 대나무 숲에다가 크게 소리를 질렀다. 임금은 화가 나서 대나무를 모조리 베어버리고 산수유를 심었다고 한다.

🌿 나무를 보고 느낀 점

분당 중앙공원 곳곳에서 산수유를 볼 수 있다. 가을이 되면 산수유에 빨간 땅콩이 주렁주렁 달린 것 같다. 맛은 땅콩이고 효능은 산수유 열매인 빨간 땅콩을 생명공학기술로 만들면 인기가 많을 것이다.

비밀을 조잘거리고 싶은 산수유

두건장수는 결국 도림사(道林寺) 대나무 숲에서 임금의 귀에 관한 비밀을 속 시원하게 외치고 말았다. 그 뒤 바람이 불면 대나무 숲에서 '임금님 귀는 당나귀 귀~'라는 소리가 들려오자 임금은 대나무를 몽땅 베어 버리고 산수유를 심었다. 『삼국유사』에 나오는 신라 48대 경문왕에 관한 여이설화(驢耳說話)의 내용이다.

대나무가 참수당한 사연을 전해들은 산수유는 과연 그 비밀을 지켰을까? 대나무가 받은 형벌이 아무리 두려워도 두건장수처럼 입이 간질간질해 견디기 어려웠을 것이다. 겨우내 마을에서 벌어진 온갖 사연을 알고 있는 산수유는 종달새처럼 봄의 비밀을 맘껏 조잘거리고 싶은 욕망으로 가득 차 있다.

산수유는 바지런하다. 지루한 겨울잠에서 제일 먼저 깨어나 봄을 알리고 싶어한다. 마른 가지에 잎보다 먼저 머리를 내미는 성마른 꽃은 가만히 있질 못한다. 노란 꽃술을 톡톡 틔워 그 상큼한 느낌이 아지랑이처럼 아른거리게 만든다. 멀리서 보면 샛노란 구름이 핀 것처럼 황홀하기까지 하다.

그래서 김훈 작가는 "산수유는 꽃이 아니라 나무가 꾸는 꿈처럼 보"였고, 성기조 시인은 "산수유꽃 필 때는/ 바람도 노랗게 물든다/ … (중략) … / 노란 산에 사는 새도 노랗고/ 그 노래도 노랗다"고 했다.

뭇 시인들은 산수유 앞에 서면 노란 꽃멀미를 일으키며 쓰러져 속절없이 자신의 순정을 고백하는 수밖에 없었다. 김인한 시인은 〈산수유꽃 피기 전〉에 "아프게 아프게" 피어나는 "연초록의 어린 사랑"을 고백했다.

서정주 시인도 애틋한 연심(戀心)을 결국 산수유에게 털어놓았다. "어느날 내가 산수유꽃나무에 말한 비밀은/ 산수유꽃 속에 피어나 사운대다가……/ 흔들리다가……/ 落花하다가……/ 구름 속으로 기어"드는 것을 보았다.

산수유는 과연 그 비밀을 지켰을까? 나태주 시인은 〈산수유 꽃 진 자리〉에서 고백한 사랑을 "산수유 꽃이 외워 두었다가/ 따사로운 햇빛한테 들려주고/ 놀러온 산새에게 들려주고/ 시냇물소리한테까지 들려"주는 걸 엿들었다. 임영조 시인은 〈대책없는 봄날〉에 "옆에 있는 산수유년은/ 말리지도 않고/ 재잘대기만 하는 폼이/ 꼭 시어머니 편드는/ 시누이년 같아서/ 얄밉기만" 했다.

그래도 산수유는 얼마나 알뜰한가? 꽃이 바래면 바로 떨어뜨리고 새잎을 돋워낸다. 여름 햇살로 파릇한 잎사귀를 살찌우면서 한편으로 내년에 피울 도톰한 꽃눈을 준비한다. 초겨울에 열매가 빨갛게 익을 때, 꽃눈은 이미 그 품속에 노란 희망을 꼭꼭 숨겨놓았다.

문태준 시인은 〈산수유나무의 농사〉는 "끌어 모으면 벌써 노란 좁쌀 다섯 되 무게의 그늘"이 되는 것을 회상하고, 공광규 시인은 겨울에 "콩새 부부를 기다리다/ 가슴이 뜨거워진 산수유나무 열매는/ 눈이 빨갛게 충혈"된 것을 보았다. 김종길 시인은 〈성탄제〉에 아버지가 "눈 속에 따오신 산수유 붉은 알알이/ 아직도 내 혈액 속에 녹아 흐르는 까닭"을 깨닫는다.

산수유를 보면 고향에서 갑순이를 만나는 것처럼 반갑다. 노란 저고리(꽃)에 푸른 치마(잎)를 입고 붉은 고름(열매)을 맨 갑순이다. 그 소박하고 새초롬한 맵시에서 자칫 현기증이 날 정도로 아름다운 순정이 새록새록 돋아난다.

문득 아지랑이가 아찔하게 피어오른다. 갑자기 내 마음을 보여주고 싶다. 산수유를 만날 때마다 내 마음에 아지랑이가 아른거린다.

조팝나무

학명	*Spiraea prunifolia* var. *simpliciflora Nakai*
분류	쌍떡잎식물 장미목 장미과의 낙엽지는 작은키나무
분포지	한국, 중국
다른 이름	조밥나무, 수선국
꽃말	단정, 노련

다른 학교 학생들과 축구 경기를 하려고 친구들과 함께 그 학교 운동장으로 갔다. 한참 수다를 떨며 가다가 길가 울타리에서 하얀 개나리를 닮은 흰색 꽃을 유심히 봤다. 흰색 개나리는 본 적도 들은 적도 없어 관심있게 쳐다봤다. 그게 뭔지 모르지만 처음 봐서 그런지 개나리보다 더 예뻤다.

🍃 내가 관찰한 나무의 모습

조팝나무는 꽃의 수술머리가 조처럼 작고 노랗고 둥글다. 수술머리를 노란 조라고 하면 꽃잎은 하얀 쌀밥처럼 보인다. 조와 밥이 만나서 조밥이 된다. 처음에 조밥나무라 하다가 나중에 조팝나무가 됐다.

꽃잎 하나를 보면 아주 작은 눈송이 같다. 그래서 꽃이 핀 조팝나무를 멀리서 보면 하얀 눈이 마른 가지를 따라 길게 덮여 있는 것 같다. 4월이나 5월 초에 분당 중앙공원이나 탄천 산책길에서 쉽게 볼 수 있다.

뿌리는 주로 열을 내리고, 아픔을 멎게 하는 데 좋다. 바이엘이라는 회사는 조팝나무에서 이런 성분을 추출해서 아스피린(Aspirin)이라는 약을 만들었다. 아스피린의 이름은 조팝나무 학명(*Spiraea*) 앞에 'A'를 붙여 만들었다.

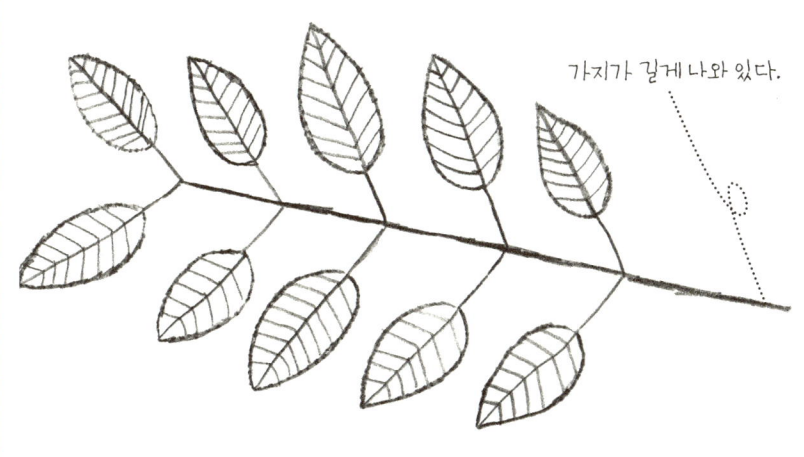
가지가 길게 나와 있다.

🌿 내가 조사한 나무에 얽힌 이야기

조팝나무는 수선국(繡線菊)이라고도 한다. 옛날 중국 한나라에 수선이라는 효녀가 전쟁에서 포로가 된 아버지를 구하러 갔지만 아버지는 이미 돌아가신 뒤였다. 수선은 아버지의 무덤에서 나무 한 그루를 캐어 와 소중히 가꾸었는데 거기서 핀 꽃이름이 수선국이다.

🌿 나무를 보고 느낀 점

만약 아버지가 돌아가시기 전에 효녀가 조팝나무를 발견하고 관찰을 했으면 아버지의 병을 낫게 조금이나마 도와드릴 수 있었을 것이다. 전쟁에서 난 상처의 아픔을 가시게 하고 열을 내릴 수 있는 성분을 구할 수 있기 때문이다.

새하얀 콧대를 높이 세우는 조팝나무

조선 후기의 한글소설인 〈별주부전〉을 보면, 별주부가 토끼의 간을 구하기 위해 아내와 하직하고 나서, "동정호 깊은 물에 허위둥실 떠올라서 벽계산간(碧溪山間)으로 들어가니 이때는 방출화류(放出花柳) 좋은 시절"이었다. "구십춘광(九十春光)"의 봄에 뭍에 도착한 별주부가 본 것은 무엇이었을까?

"소상강 기러기는 가노라고 하직하고, 강남서 나오는 제비는 왔노라고 현신(現身)하고, 조팝나무 비쭉새 울고, 함박꽃에 뒤웅벌이오, 방울새 떨렁, 물떼새 찍걱, 접동새 접둥, 뻐국새 벅, 까마귀 골각, 비둘기 국국 슬피 우니 근들 아니 경(景)일소냐."

단춧구멍처럼 작은 그 눈에도 조팝나무 꽃이 먼저 띄었을까? 별주부는 "별유천지비인간(別有天地非人間)"의 풍경에서, "작작(灼灼)한 두견화(진달래)"와 "청청한 수양(버들)"에 이어 비쭉새 우는 조팝나무와 뒤웅벌 잉잉거리는 함박꽃을 보았다.

조팝나무는 꽃술이 노랗다. 흰쌀밥 속에 노란 조(粟)가 섞인 조밥처럼 생겼다 하여 조밥나무라 불리다가 조팝나무가 됐다. 영어로는 Bridal Wreath다. 결혼하는 신부가 머리에 쓰는 화관이라면 얼마나 순결하고 아름다울까?

꽃이 정말 희다. 눈이 부시다. 작고 앙증맞은 꽃들이 줄지어 핀 가느다란 줄기가 하얗게 하늘거리는 것을 보면 봄바람이 정말 부드러운 것을 실감할 수 있다. 멀리서 보면 눈부시게 하얀 개나리가 "저요 저요" 하며 살랑살랑 손을 흔드는 것 같다.

안데르센 동화 가운데 〈꿈을 키운 막내 두꺼비〉가 우물 밖으로 나와 처음 맞은 봄은 너무 아름다웠다. 도랑에는 물망초와 조팝나무꽃이 피어 있었고, 형형색색으로 핀 꽃 사이로 작은 나비가 날아다녔다. 별주부와 두꺼비가 처음 물 밖으로 나와 본 꽃이 어쩌면 똑같이 조팝나무였을까?

도종환 시인은 〈조팝나무〉가 "사월이면 저 자신 먼저 깨우고/ 비산비야 온 천지를 무리지어 깨우"는 걸 보았다. 그렇다. "백설 뽀얗게 덮어쓴 듯/ 화려한 콧대를 높이 세우던/ 봄날도 있었다./ 청춘이었다." 〈조팝나무 꽃〉을 보고 김인희 시인은 "하얗게 부서져/ 떨어지는 폭포의 아찔함 ……/ 이 세상을 온통/ 수많은 꽃으로 뒤덮고 싶다"는 욕심을 품었다.

꽃잎 하나, 이파리 하나 떨어져도 수상하다. 그 많은 꽃잎과 이파리 가운데 하나만 사라져도 풍경이 달라진다. 이경교 시인은 〈수상하다〉며 "조팝나무 이파리 하나가 떨어졌다/ … (중략) … / 내가 올려다보던 자리 아름답게 무너지면서/ 문밖에 서 있던 조팝나무 간데없다"고 주위를 두리번거린다.

지는 모습마저 아름다운 꽃이 있던가? 조팝나무는 작고 하얀 꽃잎이 눈처럼 소리 없이 떨어져 소복이 땅을 덮는다. "헤어지자/ 섬세한 손길을 흔들며/ 하롱하롱 꽃잎이 지는 어느 날" 조팝나무는 결심한다. 조지훈 시인의 〈낙화〉처럼 "꽃이 지기로소니 바람을 탓"할 수 없어, 이형기 시인의 〈낙화〉처럼 "나의 청춘은 꽃답게 죽는다".

봄날은 간다. 별주부가 "절벽 사이 폭포수는 이 골 물 저 골 물 합수(合水)하여 와당탕퉁텅 흘러가는 저 경개무진(景槪無盡) 좋을시고" 하며 감탄하는 사이에도 봄날은 간다. 조팝나무 꽃을 볼 때마다 비쭉새가 어디 있는지 궁금하다. 별주부가 대견하다. 이런 절경을 두고 어떻게 토끼의 간을 구하러 가는 발걸음이 떨어질까?

박태기나무

학명	*Cercis chinensis* Bunge
분류	쌍떡잎식물 장미목 콩과의 잎지는 중간키나무
분포지	한국, 중국
다른 이름	밥티기나무, 구슬꽃나무
꽃말	의혹, 배신, 불신

외삼촌이 우리 집 근처로 이사 온 뒤로부터 바쁘신 어머니를 대신해 심부름을 자주 갔다. 그러다 보니 외삼촌 집 앞 화단에 있는 나무가 기억에 남았다. 가지를 가릴 만큼 여기저기 달린 두껍고 큼지막한 하트 모양 잎이 신기했다. 잎이 너무 예뻐 하나 따서 간직하고 싶을 정도였다.

🌿 내가 관찰한 나무의 모습

봄꽃은 보통 희거나 노랗거나 분홍색인데 박태기나무는 4월에 진한 자주색 꽃을 피운다. 꽃 하나는 밥알처럼 생겼는데 그보다는 크며 마치 밥알을 튀겨놓은 모양이다. 멀리서 보면 가지에 자주색 밥알이 다닥다닥 붙은 것 같다. 옛날에는 경상도와 충청도에서 밥알을 밥티기라고 했다. 처음에는 밥티기나무라고 하다가 나중에 박태기나무가 됐다.

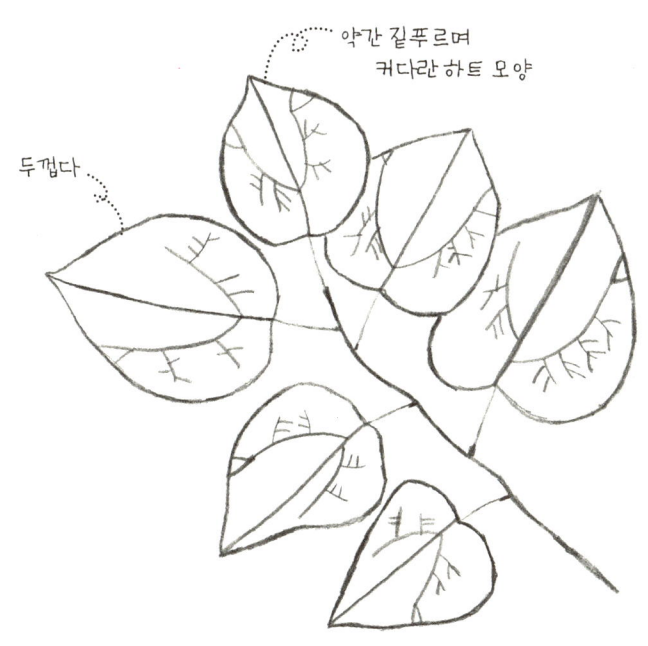

꽃은 잎보다 먼저 핀다. 처음엔 꽃만 잔뜩 달리다가, 꽃이 지면서 잎이 하나둘씩 나오게 된다. 박태기나무 꽃은 독이 있어서 먹으면 안 된다. 열매는 콩깍지 같은 모양이 바나나처럼 모여서 열린다. 북한에서는 구슬꽃나무라고 부르고 서양에서는 Chinese Redbud라고 부른다.

꽃과 잎이 특이하고 아름다워 주로 정원수로 심는다. 껍질이나 뿌리를 삶아서 물에 달여 마시면 오줌이 잘 나온다고 한다.

내가 조사한 나무에 얽힌 이야기

박태기나무에는 귀신에 얽힌 전설이 있다. 옛날에 신통술을 원하는 한 젊은이가 절에서 백일 동안 절을 하다가 귀신을 보는 능력을 가졌다. 젊은이는 어떤 소녀가 죽을 병에 걸렸다는 소문을 듣고 박태기나무 꽃을 꺾어 그 소녀에게서 귀신을 쫓아내고 결혼해 행복하게 살았다.

나무를 보고 느낀 점

박태기나무에 핀 꽃을 훑어서 밥그릇에 담으면 자주색 밥처럼 보일 것이다. 이 자주색 밥알로 떡을 찌면 백설기가 붉게 변하고 붉은 가래떡으로 만든 붉은 떡국을 먹게 될 것이다. 또 유과나 강정 같은 쌀과자와 식혜도 모두 붉게 물들일 수 있다.

하마터면 사랑할 뻔한 박태기나무

예수를 배반한 가리옷 유다는 바로 잘못을 뉘우쳤다. 대가로 받은 은화 30냥을 성전에 내던지고 물러나와 나무에 목을 매달고 죽었다. 유다가 목을 맨 나무는 박태기나무로 알려져 있다. 이 나무는 원래 꽃이 흰데, 유다의 피가 스며들어 예수가 죽은 성금요일 무렵에 피처럼 붉은 꽃을 피운다는 전설까지 생겼다. 또 유다가 회개했기 때문에 잎이 하트 모양으로 바뀌었다고 한다.

유다의 목을 맨 악역을 맡은 나무는 박태기나무 외에도 무화과나무나 사시나무가 거론되지만 역시 그 근거는 없다. 박태기나무는 프랑스 유다(Judee) 지방에 흔하기 때문에 프랑스에서 '유다의 나무'(Arbre de Judee)라 불리는데, 예수를 배반한 유다(Judas)와 혼동되어 결국 영어로 '유다의 나무'(Judas tree)라는 오명을 얻은 것으로 보인다.

악역을 맡았기 때문일까? 박태기나무는 한마디로 '튀는' 나무다. 먼저 꽃색깔부터 예사롭지 않다. 우리나라에서 봄에 피는 꽃은 대개 희거나 노랗거나 연분홍 계열인데, 박태기나무의 꽃은 진분홍 또는 붉은 보라색으로 멀리서도 금방 드러난다. 봄의 꽃잔치에서 '튀는' 색으로 승부하려는 심산이다.

그래서 이종성 시인은 〈박태기나무〉 꽃은 "어른거리는 자홍색 화염/ 다가가서 손만 대면 순식간에/ 불이 붙고야 말 영혼의 꽃불"이라고 했고, 임영옥 시인은 〈봄, 박태기나무〉가 "까맣게 타 들어간/ 기억의 껍데기들/ 다닥다닥 달고 서서/ 온몸 불 질러/ 찐분홍 밥풀꽃"을 피운다고 표현했다.

박태기나무는 제멋대로다. 아무데나 꽃을 피운다. 모든 식물은 꽃이 달리는 위치와 순서가 정해져 있다. 이를 꽃차례(花序)라고 한다. 박태기나무는 가지는 물론 줄기나 겨드랑이에도 꽃을 피우고 심지어 뿌리에도 꽃을 피운다. 엉덩이에 뿔난 못된 송아지일까? 나무 전체에 진분홍색의 커다란 밥풀(밥티→밥티기→박태기)을 다닥다닥 붙여놓은 것처럼 보인다.

박태기나무는 자유분방하다. 꽃에 꿀이 많아 벌과 나비가 잘 꾄다. '튀는' 전략이 상당한 효과를 거두는 셈이다. 박태기나무는 아찔하다. 꽃이 독을 감추고 있기 때문이다. 꽃잎을 가만히 씹어보면 아리아리한 맛이 나는데, 독성이 있어 많이 먹으면 위험하다.

도종환 시인은 박태기나무를 싫어했다. "꽃빛깔도 나무의 자태도 마음에 안 든다. 아기자기한 맛도 귀엽고 앙증스러운 느낌도 들지 않는 무미건조한 꽃을 벌겋게 매달고 있는 나무다. 향기도 없고 열매를 가져다 주는 것도 아니다. 저런 꽃을 누가 좋아할까 생각을 했다."〈사람은 누구나 꽃이다〉

그러나 금방 "내가 좋아한다는 이유로 무조건 아름다운 꽃이라 칭찬하고 내 마음에 들지 않는다는 단지 그 이유만으로 미워하는 것이 옳은가" 후회하고, "스스로 생명의 환한 꽃다발이 되어 우리 앞에 서 있는 꽃나무 한 그루도 그렇게 편견을 갖고" 대한 자신을 부끄러워했다.

박태기나무는 불량소녀다. '다른 사람이 좋아하는 나'가 아니라, '내가 좋아하는 나'가 되고 싶어하는 불량소녀. 그러기에 함동수 시인은 〈박태기나무 꽃〉은 "교태가 짤짤이 흐르는 것이/ 위아래 몰라보고/ 역행을 서슴치 않는 너무나 황홀한/ 이유있는 불량소녀 같아/ … (중략) … / 하마터면/ 난 그녀를 사랑할 뻔 하였다"고 고백한 것이다.

앵두나무

학명	*Prunus tomentosa Thunb.*
분류	쌍떡잎식물 장미목 장미과의 잎지는 중간키나무
분포지	한국, 중국
다른 이름	앵도나무, 차하리, 천금
꽃말	수줍음

집 앞 화단 뒤편 나무에 빨갛고 동그란 열매가 주렁주렁 달렸는데 이웃 아저씨가 몇 개 따먹길래 나도 따라해보았다. 5층에 사는 할머니가 그 앵두나무는 자신이 힘들게 심었다며 자기 것이라 하셨다. 몰랐다며 죄송하다는 말씀을 드렸지만 너무 맛있어서 그날 밤 다시 앵두를 몰래 따먹었다. 나에게 처음으로 서리를 가르쳐준 건 앵두나무다.

'꾀꼬리가 좋아하는 복숭아'라는 뜻의 앵도(鶯桃)라고 불리다가 발음하기 쉬운 앵두로 바뀌었다. 원래는 꾀꼬리 앵(鶯)을 썼지만 나중에 앵두나무 앵(櫻)을 사용했다. 중국이 원산지이지만 우리나라 모든 곳에서 자라 Korean Cherry라고도 불린다.

🌿 내가 관찰한 나무의 모습
물방울같이 생긴 잎은 어린 아이의 코와 입 사이에 난 솜털처럼 부드럽다. 바람개비처럼 생긴 하얀 꽃은 4월에 잎보다 먼저 핀다. 꽃잎은 5개이며 암술과 수술은 느낌표들을 뒤집어놓은 것 같다. 잔털이 있는 푸른 열매는 6월에 붉게 익는다. 작은 방울토마토 같은 열매는 향기는 별로 없지만 맛은 설탕처럼 매우 달다.

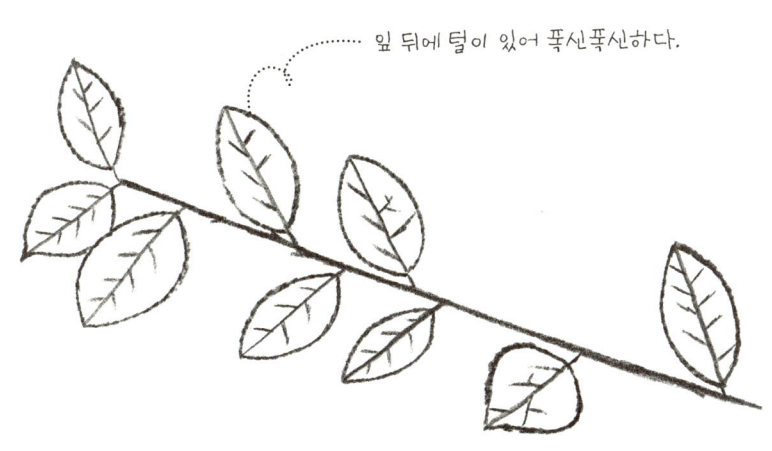
잎 뒤에 털이 있어 폭신폭신하다.

과실 중에 제일 먼저 익어 고려 때부터 제사를 지낼 때 제물로 귀하게 여겼고, 한방에선 열매와 가지를 약재로 쓴다. 폐 기능을 도와 가래를 없애고 소화기관을 튼튼하게 한다.

🍃 내가 조사한 나무에 얽힌 이야기

옛날에 효심 깊은 한 농부가 늙고 병든 어머니와 함께 살았다. 앵두를 좋아하시는 어머니는 앵두가 미치도록 먹고 싶었지만 열매가 열리기엔 너무 추웠다. 어머니를 위한 농부의 간절한 기도와 눈물 끝에 마침내 가지에 앵두가 열렸고 그 맛을 본 어머니는 건강을 되찾았다고 한다.

🍃 나무를 보고 느낀 점

'앵두 같은 입술'이라는 말이 있다. 예쁜 입술은 앵두처럼 맑고 붉기 때문이다. 앵두로 립스틱을 만들면 비록 향은 나지 않지만 맑고 붉게 보일 것이다. 단맛 때문에 바르고 뽀뽀하면 달콤할 것 같다.

꾀꼬리 노래가 들리는 앵두나무

　세종은 육식을 좋아하고 운동을 싫어해 몸이 불었고, 이로 인해 20대 말부터 당뇨를 앓았다. 당뇨가 있으면 오줌으로 빠져나가는 당을 보충하기 위해 달콤한 음식을 찾게 된다. 겨우내 꿀이나 엿으로 만든 단 음식에 질렸던 세종은 봄 햇살처럼 싱싱한 앵두를 좋아했다.

　문종은 세자 시절부터 경복궁에 앵두나무를 가꾸어 그 열매를 따다 세종에게 바쳤다. 세종은 앵두를 먹고 '다른 앵두가 아무리 맛있다 해도 어찌 세자가 손수 심은 것과 같을 수 있겠느냐'며 기뻐했다. 성현이 지은 『용재총화』(慵齋叢話)에 나오는 이야기다.

　100가지 과일 중 가장 먼저 익는다는 앵두는 조선 말기 정약용의 아들 정학유가 지은 『농가월령가』(農家月令歌)에서 보석처럼 영롱한 그 모습을 볼 수 있다. "5월 5일 단오날에 빛깔이 산뜻하다. 오이밭에 첫물 따니 이슬이 젖었으며 앵두 익어 붉은 빛이 아침 볕에 눈부시다."

　꾀꼬리가 정말 앵두를 즐겨 먹을까? '앵두'는 '앵도'(櫻桃)에서 비롯됐는데, 꾀꼬리가 좋아하는 열매로 알려져 있다. '앵두나무 앵'(櫻)과 '꾀꼬리 앵'(鶯, 鸎)의 발음이 같아서 잘못 알려진 것은 아닐까? '앵두나무 앵'(櫻)은 '나무 목'(木) 옆에 '어린아이 영'(嬰)을 붙인 것이다. 앙증맞게 작은 꽃과 열매 때문에 생긴 이름이다.

　윤석중의 〈달맞이〉는 "아가야 나오너라 달맞이 가자/ 앵두 따다 실에 꿰어 목에다 걸고/ 검둥개야 너도 가자 냇가로 가자"며 앵두 목걸이를 꿰던 어린 시절 이야기다. 오탁번 시인의 〈사랑하고 싶은 날〉에는 "앵두나무 꽃그늘에서/ 벌레들이 닝닝 날면/ 앵두가 다람다람 열리고/ 앞산의 다래나무가/ 호랑나비 날개짓에 꽃술을 털면/ 아기 다래가 앙글앙글 웃는다."

앵두나무의 매력은 단연 열매다. 매끄럽고 촉촉한 윤기가 흐르는 붉은 열매가 티없이 맑고 깨끗하다. 살짝 입술을 대보고 싶고 자칫 깨물고 싶은 관능적인 매력을 풍긴다. 그래서 예로부터 아름다운 여인의 조건으로 반드시 '앵두 같은 입술', 앵순(櫻脣)이 꼽혔다.

안도현 시인은 "앵두를 먹을 때"를 자주 회상한다. "앵두의 입술에 내 입술이 닿을 때,/ 앵두 알을 깨물어 입안에서 환하게 토도독 터져서는 물기 번질 때,/ 하루 내내 먹어도 배가 부르지 않을 것 같은 그런 때,/ 장차 내 인생이나 네 인생에 쉽사리 잘 오지 않을 것 같은 그런 때."

앵두나무는 물기가 많고 양지 바른 곳을 좋아하기 때문에 동네 우물가에 많이 심었다. 동네 우물가는 처녀들이 모여 물을 긷고 빨래를 하면서 입방아를 찧는 공간이다. 앵두나무 우물가에 앵두 같은 처녀들이 모여 앵두 같은 입술로 무슨 이야기를 했을까?

가수 김정애가 노래한 〈앵두나무 처녀〉는 "앵두나무 우물가에 동네처녀 바람났네"로 시작한다. 산들산들 봄바람에 마음이 싱숭생숭해진 앵두 같은 처녀들이 춘정(春情)을 이기지 못해 "물동이 호미자루 나도 몰래 내던지고/ 말만 들은 서울로 누굴 찾아서/ 이쁜이도 금순이도 단봇짐을 쌌다"는 이야기다.

단오 무렵 한반도를 찾아 번식하는 여름 철새인 꾀꼬리와, 바로 그때에 맞춰 붉은 이슬 같은 열매를 맺는 앵두나무는 혹시 어떤 전설에서 만난 사이가 아닐까? 미인의 조건으로 꼽는 '앵두 같은 입술'과 '꾀꼬리 같은 목소리'는 시각과 청각의 공감각(共感覺)이 아닐까?

한 번이라도 앵두의 관능이나 꾀꼬리의 노래에 빠져보면, 그 매력이 서로 통한다는 것을 알게 된다. 저 붉은 앵두를 먹으면 꾀꼬리 노래의 비밀을 알까, 꾀꼬리의 노래를 들어보면 앵두가 붉은 비밀을 알까?

살구나무

학명	*Prunus armeniaca* var. *ansu* Maxim.
분류	쌍떡잎식물 장미목 장미과의 잎지는 중간키나무
분포지	한국, 일본, 중국, 몽골, 미국
다른 이름	급제화(及第花)
꽃말	처녀의 부끄러움, 의혹

초등학교 5학년 때 몸이 아파 오전 수업만 마치고 교문을 나서다 옆에 정말 맛있게 생긴 열매들이 여기저기 흩어져 있는 걸 봤다. 궁금해 화단에 있는 나무를 보니 탐스러운 열매가 잔뜩 매달려 있었다. 모르는 열매를 함부로 먹으면 위험할까봐 결국 먹진 않았지만 정말 군침이 돌았다.

🌿 내가 관찰한 나무의 모습

4월에 잎보다 먼저 피는 꽃은 마치 예쁜 연분홍 새끼손톱 다섯 개를 동그랗게 모은 것 같다. 솜털로 덮인 탁구공만한 열매는 여름에 연한 노랑과 주황이 섞인 색으로 익는다. 이 색이 바로 살구색이다.

   살구는 만병통치약처럼 사용된다. 비타민A가 많아 밤에 사물이 잘 보이지 않는 야맹증에 약효가 있고 비타민C도 많아 피로회복에도 좋다. 씨는 심한 기침 같은 호흡기관의 병을 예방하고 치료하는 것을 도와준다.

가장자리가 작은 톱니처럼 예쁘다.

🌿 내가 조사한 나무에 얽힌 이야기

옛날 중국 오나라에 동봉이란 의사는 환자를 치료하고 치료비 대신 의원 앞뜰에다 살구나무를 심게 했다. 몇 년 후 십만 그루의 살구나무가 모여 숲이 만들어졌다. 그는 살구를 곡식으로 바꿔 가난한 사람들에게 나눠주기도 했다. 사람들은 이 숲을 동선행림(董仙杏林)이라고 불렀다. 그래서 행림(杏林)이라면 진정한 의술을 베푸는 의원을 나타낸다.

🌿 나무를 보고 느낀 점

'빛 좋은 개살구' 라는 말이 있다. 보기에는 그럴 듯하지만 실속이 없다는 뜻이다. 반대로 '보기 좋은 떡이 먹기도 좋다' 는 속담도 있다. 이 속담을 빌려 '보기 좋은 살구가 먹기도 좋다' 라는 말을 만들면 어떨까? 최소한 보기가 좋아야 기회가 더 생기기 때문이다.

왼 눈이 감기는 새콤한 살구나무

 모세가 히브리 부족을 이끌고 이집트를 탈출하여 약속의 땅 가나안을 향해 가던 도중 12지파 간에 다툼이 생겼다. 열두 족장이 각자 지팡이에 이름을 써서 증거의 장막에 바쳤더니, 다음날 아론의 지팡이에 싹이 나고 꽃이 펴서 열매까지 맺었다. 아론을 12지파를 대표하는 대제사장으로 삼겠다는 뜻이다. 이때 꽃을 피우고 맺힌 열매가 바로 살구다.

 이스라엘 사람들은 살구나무를 '성급한 나무'라고 부른다. 다른 나무보다 이른 2월께, 잎보다 먼저 꽃부터 피우기 때문이다. 우리나라에서는 4월께 시골 아낙처럼 푸근한 연분홍 꽃이 핀다. 둥근 열매는 7월께부터 노랗게 익기 시작한다.

 살구나무는 매화나무와 사촌지간이다. 같은 장미과로 원산지가 중국이며, 겉보기로 쉽게 구분할 수 없을 뿐 아니라 접목은 물론 교잡까지 가능하다. 매화가 선비의 서재 앞에서 고고한 풍류를 뽐낸다면, 살구는 서민의 오두막 뒤에서 질박한 애환을 담고 있다.

 한자로 '행'(杏)이라 적는다. 나무 아래에서 입을 벌리고 있는 모양이다. 나무 아래 누워 있으면 살구 한 알이 톡 떨어져 한입에 쏙 들어올 것 같다. 다른 열매는 빨갛게 익는데 살구는 노랗게 익는다. 열매가 매끈하고 맛있어 보이는데 시고 떫어 먹을 수 없는 품종이 개살구나무다. 그래서 '빛 좋은 개살구'다.

 중국 오나라의 명의 동봉(董奉)은 환자를 치료한 뒤 돈을 받는 대신 살구나무를 심게 했다. 살구가 익으면 내다 팔아서 가난한 사람을 도왔다. 이 살구나무 숲 '행림'(杏林)은 나중에 인술(仁術)을 베푸는 의사를 뜻하는 말이 됐다. 살구씨(杏仁)는 기관지에 좋아 한약재로 널리 쓰이며, 살구나무가 많은 마을에는 염병이 돌지 않는다고 한다.

병원에도 살구나무를 많이 심었다. '우선 살구 보자'는 뜻이라나? '아무리 죽여도 살려고 하는 나무'가 살구나무란다. 충청도에서 유래한〈나무노래〉는 "가자가자 갓나무 오자오자 옻나무"로 시작하여 "너하구 나하구 살구나무 아이 업은 자작(자장)나무"로 이어진다.

사연도 참 많다. 살구를 먹고 나면 그 씨로 호루라기를 불거나 살구받기(공기놀이)를 즐겼다. 맑고 은은한 소리를 내는 목탁은 속살이 깨끗한 살구나무로 만든다. 공자가 제자를 가르친 행단(杏壇)은 은행나무가 아니라 살구나무라는 이야기도 있다. 당나라 시인 두목(杜牧)의 시에서 나온 '행화촌'(杏花村)은 술집을 점잖게 부르는 말이다.

사연이 많은 만큼 추억도 많다. 함민복 시인은 "동생이 내 동생이/ 꽃 핀 살구나무를 흔듭니다/ 큰 살구나무는 흔들리지 않고/ 동생만 흔들"리는 추억을 되새기고, 김재혼 시인은 "왼 눈이 감기는 새콤한 살구가/ 군침으로 차오르는 향수를 달고/ 잃어버린 한 세월을 떠올린다". 문신 시인은 "해마다 4월이면 쌀 떨어진 집부터 살구꽃이 피"는 마을에서, 아이들이 "풋살구를 털 때까지 얼굴 가득 버짐 같은 살구꽃을 달고 잠이 드는 것"을 보았다.

이렇듯 살구나무의 주제는 '고향'이자 '봄'이다. 그래서 "나의 살던 고향은 꽃피는 산골"이라며, "복숭아꽃 살구꽃 아기 진달래"를 그리워하는〈고향의 봄〉이 정겨운 고향을 떠올리는 대표적인 노래가 됐다.

안도현 시인은〈봄날은 간다〉면서 "자고 나면 살구나무 가지마다 다닥다닥/ 누가 꽃잎을 갖다 붙이는 것 같았다/ 그렇게 쓸데없는 일을 하는 그가 누구인지/ 꽃잎을 자꾸자꾸 이어붙여 어쩌겠다는 것인지" 궁금해했다. "그렇게 쓸데없는 일을 하는 그"를 찾기 위해 봄마다 두리번거리지만, 도시에 사는 내겐 살구꽃조차 보이지 않으니 참 환장할 노릇이다.

라일락

학명	*Syringa vulgaris L.*
분류	쌍떡잎식물 용담목 물푸레나무과 잎지는 키작은나무
분포지	한국, 카프카스, 아프가니스탄, 헝가리, 발칸반도
다른 이름	서양수수꽃다리, 정향나무, 자정향
꽃말	아름다운 언약, 맹세

집에서 가까운 지하상가 실내 농구장에서 친구들과 농구를 했다. 1시간 반 동안 하니 몸은 지칠 대로 지치고 땀은 범벅이 된 상태였다. 내기에서 이겨 얻은 아이스크림을 먹으며 집으로 가는데 어디서 많이 맡아본 향기로운 냄새가 났다. 며칠 뒤 어머니의 향수에서 똑같은 냄새를 맡았는데 제품설명을 보니 라일락 향기라고 쓰여 있었다.

라일락(Lilac)은 아랍어로 푸름을 뜻하는 Laylak에서 유래했다. 중국에선 향기가 짙다 하여 정향나무(丁香木)라고 부른다. 꽃이 수수꽃과 생김새가 비슷해 '수수꽃다리'라고도 불리지만, 정확하게 말하면 서양에서 왔다 하여 서양수수꽃다리다.

🌱 내가 관찰한 나무의 모습

동그란 잎은 옆으로 약간 살찐 통통한 물방울처럼 생겼다. 작은 목걸이 십자가처럼 생긴 꽃들은 4~5월에 자주색, 흰색, 파란색, 홍색 등 여러 가지 색으로 핀다. 꽃들이 활짝 핀 라일락 무리를 보면 색깔이 화려하고 매우 아름답다. 9월엔 작은 타원형을 닮은 갈색 열매가 익은 뒤 두 조각으

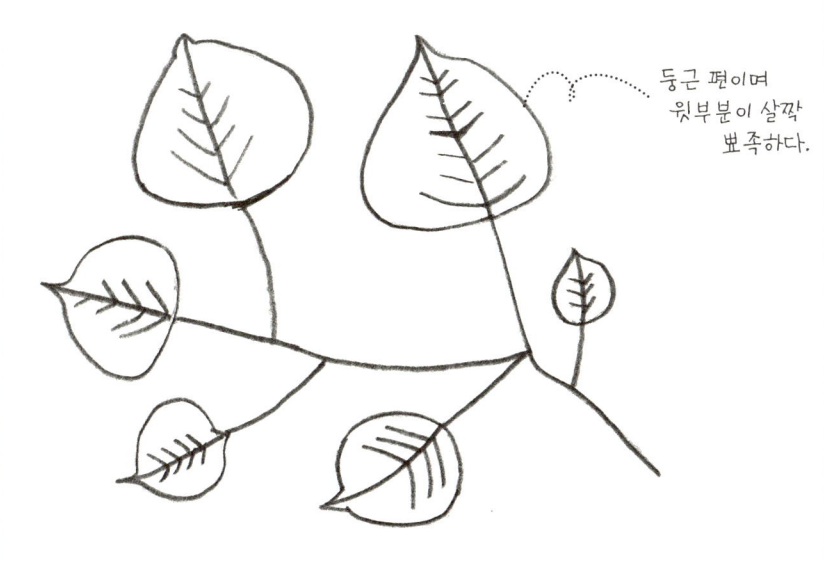

둥근 편이며 윗부분이 살짝 뾰족하다.

로 나뉘어 날개 달린 씨를 토해낸다.

　향기가 진하고 달콤하여 주로 향수나 차의 재료로 이용한다. 라일락의 향기는 잠을 못 이루는 불면증에 효과가 좋다.

🌿 내가 조사한 나무에 얽힌 이야기

옛날 영국에서 어떤 여자가 사랑하던 남자에게서 마음의 상처를 받고는 자살을 했다. 그녀의 친구는 그 무덤에 자주색 라일락을 산더미처럼 바쳤는데 다음날 꽃들이 모두 순백색으로 변했다. 이 라일락은 지금도 하트포드셔라는 곳에 있는 교회묘지에서 피고 있다 한다.

🌿 나무를 보고 느낀 점

자주색은 고난, 슬픔, 아픔을 뜻하고 흰색은 순결과 결백을 상징한다. 자살한 그녀를 위해 친구는 자주색 꽃을 바쳤지만, 다음날 순백색으로 바뀌었다. 친구는 슬픔과 아픔을 꽃으로 표현했지만 죽은 그녀는 결백하기에 꽃을 순백색으로 바꾼 것 같다. 향기도 좋고 화려한 라일락은 슬픈 첫사랑을 기억나게 한다.

달콤잔인한 꽃을 피우는 라일락

톨스토이의 『부활』에서 방학을 맞아 고모네 집을 방문한 열여덟 살의 학생 네흘류도프는 고모의 양녀로, 두 살 어린 카튜사와 함께 술래잡기를 하다가 넘어져 쐐기풀에 손을 찔린다. 카튜사가 가쁜 숨을 몰아쉬며 곁에 다가앉자 그는 엉겁결에 그녀의 입술에 입을 맞췄다. 깜짝 놀란 카튜사가 얼굴을 붉히며 달아난 숲에는 라일락 꽃이 가득 피어 있었다.

봄이 되면 라일락은 엷은 보랏빛을 띠는 십자꽃을 솜사탕처럼 뭉게뭉게 피워 올린다. 첫사랑처럼 두근거리는, 황홀한 향기를 풍기는 꽃이다. 산들바람에 실려오는 그 향긋한 내음을 맡으면, 어디서 날아왔는지 알 수 없는 큐피드의 화살에 맞은 듯 갑자기 온몸이 나른해진다.

수수꽃을 닮아서 우리나라에서는 '수수꽃다리' 라 부른다. 숫처녀도 사랑을 하면 매력 있는 아가씨로 바뀌듯이, 수수하고 정감 있는 수수꽃다리도 사랑을 겪으면 낭만적인 라일락이 되는가? 라일락(Lilac)이라는 발음도 그 향기만큼이나 감미롭다.

아기 손바닥만한 이파리도 넓적한 하트 모양이다. 잎자루가 길어 가벼운 바람에도 살랑대며 깔깔거리는 모습이 연인들의 대화처럼 경쾌하다. 그러나 첫사랑의 꽃이 진 뒤, 그 아리는 쓰라림이 어떤 맛인지 알고 싶으면 라일락 이파리를 두 번 접어 살짝 씹어보라고들 한다.

첫사랑의 결실은 항상 이런 식인 걸까? 황홀한 꽃과 상긋한 이파리를 떠올리는 라일락에게서 열매를 기억하는 사람은 거의 없다. 쭉정이만 남은 듯 볼품이 없기 때문이다. 추운 겨울, 앙상한 가지에 바스라진 이파리 몇 개 달고 아직도 첫사랑을 고집하는 열매는 무척 초라해 보인다.

'색채의 마술사' 마르크 샤갈은 한 쌍의 연인을 통해 몽환적인 '사랑의 색깔'을 표현하길 좋아했다. 꽃더미에 파묻힌 〈라일락 속의 연인들〉의 표정에서 '사랑의 색깔'이 잘 드러난다. 세르게이 라흐마니노프의 피아노곡 〈라일락〉은 또 어떤가? 라일락이 가득 핀 듯한 목가적인 선율을 타고 스피커에서 감미로운 향기가 스며 나오는 것 같다.

라일락을 보면 꽃에서 달콤한 아지랑이가 피는 듯 현기증이 난다. 이해인 수녀는 라일락 "향기가/ 보랏빛, 흰빛/ 나비들로 흩어지"는 걸 보며 "기쁨에 취해/ 어지러"움을 느낀다. 이운진 시인은 "어제는 라일락이 피느라 어지러웠고/ 오늘은 향기에 엉켜 어지러웁다."

해마다 봄이 되면 첫사랑의 기억은 라일락처럼 다시 피어난다. 스콧 피츠제럴드의 『위대한 개츠비』가 백만장자가 되어 첫사랑의 연인 데이지를 기다릴 때, 비가 개면서 물방울이 뚝뚝 떨어지는 라일락 사이로 데이지를 태운 차가 들어오는 것을 본다. 빗물로 씻긴 라일락 향기 속에 꿈에도 그리던 첫사랑을 다시 만나는 두근거림은 얼마나 황홀할까?

네흘류도프는 12년이 지나 고모네 마을을 다시 방문했다. 집은 허물어져 잿빛으로 변해버렸지만, 술래잡기 할 때처럼 라일락 꽃은 그대로 피어 있었다. 카튜사의 소식이 궁금했고, 그녀의 아이가 왜 죽었는지 알아보고 싶었다. 창녀가 되어버린 그녀의 타락은 라일락 때문이었을까?

4월은 정말 잔인한 달이다. 또 라일락은 정말 잔인한 꽃이다. 라일락은 생명력이 강해 웬만한 '황무지'에서도 잘 자란다. 첫사랑도 라일락처럼 누구에게나 강한 생명력으로 다가오는 걸까? 토머스 엘리엇은 〈황무지〉에서 "4월은 가장 잔인한 달/ 죽은 땅에서 라일락을 키워 내고/ 추억을 욕망과 뒤섞으며/ 잠든 뿌리를 봄비로 깨운다"고 했다.

달콤한 첫사랑의 가슴 아린 기억을 잊고 싶을 때 첫사랑처럼 피어나는 라일락을 보면 추억과 욕망이 뒤엉켜 꿈틀거리는 자신을 발견하고, 라일락은 '달콤잔인한 꽃'이라는 걸 불현듯 깨닫게 된다.

산사나무

학명	*Crataegus pinnatifida* Bunge
분류	쌍떡잎식물 장미목 장미과의 잎지는 중간키나무
분포지	한국, 중국, 러시아
다른 이름	아가위나무, 아광나무, 이광나무, 뚱광나무
꽃말	유일한 사랑, 희망

친구들과 집 근처 공터에서 축구를 했다. 한 친구가 공을 너무 세게 찬 나머지, 울타리 너머 있는 나무에 걸렸다. 손으로 흔들고 발로 차도 떨어지지 않자, 막대기를 찾아와 공이 걸린 부분을 계속 찌르고 휘둘렀다. 다행히 공은 떨어졌지만 그 나무 가시에 공이 찔려 바람이 많이 빠져 축구를 더 이상 할 수 없게 됐다.

🌿 내가 관찰한 나무의 모습

산사나무 열매는 우리말로 아가위라고 한다. 아가위는 빨간 석류처럼 생겼는데 석류는 주먹만하지만 아가위는 구슬만하다. 사과나 배 같은 열매는 꽃이 지고 나면 꽃받침이 배꼽처럼 오므라들지만, 석류와 아가위는 꽃받침이 톡 튀어나온 갓난 아기배꼽처럼 남아 있다. 아가위는 앵두처럼 한 가지에 여러 개 모여서 달린다.

붉은 열매

쑥처럼 생겼는데 두껍고 날카롭다.

석류는 주황색 꽃에서 빨간 열매가 열리는데, 산사나무는 하얀 꽃에서 빨간 열매가 열린다. 모여 피는 꽃은 결혼식 때 신부가 던지는 부케처럼 아름답게 생겼다. 5월에 꽃이 피어서 메이플라워(May Flower)라고도 한다. 쑥과 비슷하게 생긴 잎은 손가락처럼 여러 갈래로 갈라져 있다.

아가위를 씹으면 아삭아삭하며 새콤달콤한 맛이 좋다. 아가위로 산사주, 산사차, 산사잼을 만들어 먹을 수도 있다. 살이 질긴 늙은 닭이나 뼈가 많은 생선을 요리할 때 열매를 몇 알 넣으면 음식이 무르게 된다.

🍃 내가 조사한 나무에 얽힌 이야기

옛날에 한 아이가 살았는데 어머니가 돌아가시자 새어머니가 들어와 밥을 제대로 주지 않고 일만 시켰다. 아이는 배가 고프고 아파서 일을 제대로 하지 못했다. 배가 너무 고파서 산에 있는 아가위를 따 먹었더니 허기가 없어지고 아픈 배가 나았다.

🍃 나무를 보고 느낀 점

아가위는 마치 빨간 구슬처럼 보인다. 보통 구슬은 먹을 수 없지만 아가위 구슬은 가지고 놀 수도 있고 먹을 수도 있는 특이한 알사탕 구슬이다. 이걸로 구슬 따먹기 놀이를 한 번 해볼까.

하얀 꽃부채를 펼쳐든 산사나무

계절의 여왕인 5월을 뜻하는 영어 'May'는 제우스에게서 헤르메스를 낳은 여신 '마이아'(Maia)에서 유래한다. 라틴어로 'Maia'는 '좋은 어머니'(Good Mother)라는 뜻이다. 천주교는 5월을 '성모 마리아의 달'(聖母聖月)로 지정하여 봉헌하고 있다. 5월이 어머니의 이미지를 갖는 것은 바로 이때가 모든 생명을 잉태하는 봄이기 때문일 것이다.

5월의 꽃은 장미가 아니다. '5월의 꽃', 메이플라워(May Flower)는 따로 있다. '아가위나무'라고도 불리는 산사나무다. 산사나무는 영어로 'Hawthorn'이나 'Whitethorn' 대신 'May'라고도 한다. 그 자태가 5월에 피는 수많은 꽃 가운데 가장 두드러지기 때문일 것이다.

산사나무는 하얀 비단무늬 같은 꽃망울을 모아 뭉게구름처럼 피워낸다. 하얗게 모여 피는 꽃무리는 주변이 환해질 정도로 풍성하여 웬만한 어둠에서도 눈에 띈다. 그 맵시가 옥색 한복을 입고 하얀 꽃부채를 펼쳐든 기품 있는 마나님 같다. 루시 몽고메리의 『빨간 머리 앤』은 "산사나무 꽃이 어떻게 생겼는지도 모르고, 보고 싶어하지도 않는다는 건 그야말로 비극"이라고 말했다.

이파리는 국화 잎처럼 가장자리가 깊이 파인데다 초록이 짙어 한번 보면 바로 기억할 정도로 강한 인상을 남긴다. 줄기에 달린 가시는 은장도처럼 잘 다듬어져 아무나 찌를 것 같지 않다. 가을이 되면 파란 하늘 아래 루비처럼 붉은 열매가 주렁주렁 달린다. 이렇게 독특한 잎과 열매는 여느 아낙이 쉽게 장만할 수 있는 장신구가 아니다.

산사나무는 성스러운 임신을 상징한다. 유럽에서 성모 마리아, 헤라,

마이아의 신비한 임신은 산사나무와 관련된 것으로 여겼다. 그래서 결혼식장을 산사나무 가지로 장식하고, 그 가지를 태워 신혼부부의 신방을 밝혔다. 갓 태어난 아기의 머리맡에 산사나무 가지를 두고 액운을 쫓기도 했다.

예수의 가시관은 산사나무 가시로 만들었다는 또 다른 속설 때문에 산사나무는 절대 벼락을 맞지 않는 것으로 알려져 있다. 악마가 만드는 벼락이 감히 산사나무를 건드릴 수 없다는 것이다. 그래서 1620년 신대륙으로 건너간 청교도들은 배의 이름을 '메이플라워'라고 붙였다. 뱀파이어를 죽이기 위해 그 심장에 박는 말뚝도 산사나무로 만든 것이어야 했다.

예수가 십자가에서 돌아가신 성(聖) 금요일이 되면 산사나무는 성모 마리아의 슬픔을 달래기 위해 성당의 종소리에 맞춰 하얀 꽃을 피우기 시작한다고 한다. 또 성모 마리아는 1932년 벨기에 보렝의 한 학교 정원에 있는 산사나무 아래서 발현하셨다고도 한다. 마르셀 프루스트의 『잃어버린 시간을 찾아서』에서 마르셀은 성당의 산사나무 앞에 서면 마치 성모 마리아의 제단 앞에 있는 듯한 느낌을 받았다고 고백했다.

중국에서도 산사나무는 위엄 있는 나무였다. 천자문에는 '存以甘棠 去而益詠' (존이감당 거이익영: 주나라 소공이 산사나무 아래에서 백성을 가르쳤다. 그가 죽은 뒤 백성이 그 덕을 추모하여 시를 읊었다)이라는 구절이, 『시경』(詩經)에는 산사나무 아래 서 있는 귀공자를 연모하는 처녀의 애타는 마음을 담은 구절이 나온다.

산사나무는 흰 꽃과 붉은 열매의 지극히 깨끗하고 성스러운 이미지 때문에 붉은 태양이 뜨면서 환해지는 아침 같은 분위기를 풍긴다. 그래서 산사(山査)라는 이름은 산(山)에서 자라는 아침(旦: 해 뜨는 모양)의 나무(木)로 풀이되기도 한다. 속세의 숲에서 이렇게 기품 있는 나무를 만나는 즐거움을 누가 알까?

이팝나무

학명	*Chionanthus retusa Lindl. et Paxton*
분류	쌍떡잎식물 용담목 물푸레나무과의 잎지는 큰키나무
분포지	한국, 일본, 타이완, 중국
다른 이름	뻣나무, 니팝나무, 니암나무
꽃말	영원한 사랑

6학년 늦은 봄, 아버지가 1주일 동안 외국에 출장 갈 일이 생겼다. 새벽에 아버지를 따라 출장 기간 동안 필요한 짐을 버스정류장까지 들어다 드렸다. 밥도 못 먹어서 배가 고픈데 버스정류장 뒤 화단에 하얀 밥풀덩어리처럼 생긴 꽃들이 보였다. 맘 같아선 집에 빨리 가 밥을 먹고 싶었지만 아침도 제대로 못 들고 출장 가시는 아버지 모습을 보며 참았다.

🌱 내가 관찰한 나무의 모습

이팝나무의 꽃은 하얀 바람개비 같다. 길쭉한 꽃잎이 4개 모여 열 십(十)자처럼 생겼다. 꽃의 무리를 멀리서 보면 하얀 쌀밥을 퍼놓은 것 같다. 옛날에는 쌀밥을 이밥이라고도 했다. 처음엔 이밥나무라고 하다가 나중에

잎은 주걱만하고
잎자루가 한 곳에 모여 있다.

이팝나무가 됐다.

  꽃은 5~6월에 핀다. 미국에서는 꽃이 하얀 눈이 쌓인 것 같아서 Snow Flower라고 부른다. 우리나라는 옛날에 가난해 먹을 것이 없어서 이팝나무의 꽃이 쌀밥처럼 보였을 것이다. 크고 통통한 수박씨 같은 열매는 10~11월에 검은색으로 익는다.

  어린 잎을 따서 몇 차례 비비고 말리면 차를 타서 마실 수 있다. 잎을 끓는 물에 살짝 익혀 나물로 무쳐 먹기도 한다. 옛날엔 꽃피는 모습으로 그해 벼농사의 풍흉을 짐작했는데 이팝나무 앞에서 정성을 다해 기도하면 그해에 풍년이 든다고 믿었다.

🌿 내가 조사한 나무에 얽힌 이야기

이팝나무에는 슬픈 전설이 있다. 옛날에 어떤 가난한 며느리가 제사에 쓸 쌀밥이 익었는지 맛을 보다가 시어머니한테 들켜서 혼이 났다. 며느리는 너무 서럽고 억울해 산에 올라가 목을 매 죽었다. 며느리의 무덤에서 자라 흰 꽃을 피운 나무가 바로 이팝나무다.

🌿 나무를 보고 느낀 점

큰 이팝나무 밑에 음식점을 지으면 좋겠다. 사람들은 이팝나무 꽃을 보고 갑자기 배가 고파져서 흰쌀밥을 먹고 싶은 생각이 들 것이다. 전설 속의 며느리처럼 가난한 사람들을 불러서 쌀밥을 배부르게 먹이고 싶다.

따끈한 고깃국이 생각나는 이팝나무

흥부는 자식이 모두 몇이나 될까? "한 해에 한 배씩 한 배에 두셋씩 대고 낳아" 모두 스물다섯이다. 흥부 내외가 박을 타는데 쌀이 쏟아져 나오자, 밥을 지어 남산만한 밥산을 만들었다. 스물일곱 식구가 밥산에 틀어박혀 밥을 먹어대는데, 사람은 보이지 않고 밥산이 바람에 날리는 이팝나무처럼 요동쳤다.

'이팝에 고깃국.' 하얀 쌀밥에 쇠고깃국을 먹는 게 소원이던 시절의 이야기다. "소반이 네 발로 하늘께 축수하고, 솥이 목을 매어 달"릴 정도로 굶주렸던 흥부네가 밥을 먹는 모습이 바람에 흔들리는 이팝나무로 대치되는 해학의 장면이다.

'쌀밥나무'라고도 불리는 이팝나무는 가까이서 보면 쌀을 닮은 구석이 전혀 없다. 가늘고 긴 꽃잎이 십자 모양의 하얀 꽃을 만들고, 이 꽃이 너댓 개씩 모여 작은 꽃무리를 이루며, 작은 꽃무리가 여럿 모여 둥그스름한 꽃덩이를 이룬다.

꽃이 크고 화려하면 대개 사람 키보다 작은 관목이다. 아름드리 큰 나무는 꽃이 작고 수수해서 눈에 잘 띄지 않는 편이다. 이팝나무는 큰키나무인데도 머리부터 무릎까지 뒤덮는 하얀 꽃이 매우 강렬한 인상을 준다. 꽃이 만발하면 고봉으로 담긴 하얀 쌀밥이 나무 가득 얹혀 있는 것처럼 보인다.

지난 가을에 숨겨둔 쌀도 바닥나고 보리는 아직 여물지 않은 보릿고개에 피는 꽃은 정말 하얀 쌀밥의 신기루 같다. 부처님 오신 날에 배고픈 중생에게 눈요기라도 하라고 베푸는 '하얀 자비(慈悲)'일까? 오뉴월 따사로운 햇살을 받으면 흰 쌀밥에 김이 모락모락 피어 오르는 것 같다.

황금찬 시인은 이팝나무를 볼 때마다 〈어머니〉를 떠올린다. "쇠고기국에/ 이팝 좀 먹어봤으면/ 이것이 어머니의/ 마지막 소원이었습니다/ 어머니/ 그러나 저는 어머니의 그 마지막/ 소원도/ 들어드리지 못한 불효였습니다." 박정남 시인은 〈이팝나무 길을 가다〉가 굶어 죽은 아기의 무덤 앞에서 우는 어머니들을 본다. "제사밥처럼/ 소복소복 담겨 부풀어 오르는 것이 어미들 가슴 속에/ 기어코 이팝나무꽃을 불질러놓았다."

그래서 손순미 시인의 〈이팝나무〉는 "하늘 아래 놓인 눈부신 한 그릇의 슬픔에 경배하며 떠도는 새들이여/ 그리고 불쌍한 삶이여/ 이리 와서 내가 지은/ 이 기가 막힌 밥 한 그릇 드시오" 하며 위로한다.

이팝이 전부는 아니다. 소설가 박완서는 〈아저씨의 훈장〉에서 "그것들 생각을 하면 자다가도 비단 이불이 천근이고, 이팝에 괴기국도 목구멍에 칵 걸린다니까" 하고 걱정하는 어머니를 떠올린다. 하늘을 원망하지도 않는다. 소설가 이무영은 〈문서방〉을 통해 "이팝 먹으면 고기 먹구 싶구 고기 먹게 되면 명지(명주) 옷만 입구 싶구, 그저 사람은 제 복에 태어난 대루 살구 그걸 감지덕지해야 하는 게지" 하며 타이른다.

그래도 이팝은 희망이다. 곽재구 시인은 "그땐 38선도/ 대전차방어용 콘크리트벽도 미군사령관도 없었습니다/ 찢긴 삼베옷 하나로 눈 덮인 광야에서 잠들며/ 독립의 이팝 한 그릇 오로지 꿈꾸었습니다"며 〈오십 년 후〉를 기다렸다. 김태수 시인은 "똥값도 안 되던 지난해의 추곡수매가/ 나랏님의 은혜도 물 건너간 지 오래/ 이팝나무 꽃이 새삼 그립다/ … / 주위는 어둠과 적막뿐이다/ 이팝나무 꽃은 언제 피는가" 하며 또 기다린다.

이팝나무는 해마다 '하얀 쌀밥'을 푸짐하게 한 상 차려놓고 어머니처럼 나를 기다린다. 이제 어린 시절의 '하얀 쌀밥' 콤플렉스에서 벗어날 때도 됐건만, 난 아직도 배가 고프다. 고깃국이 먹고 싶다. 흥부처럼 하얀 이팝나무 꽃 속에 폭 파묻혀버리고 싶다.

보리수나무

학명	*Elaeagnus umbellata Thunb.*
분류	쌍떡잎식물 이판화군 도금양목 보리수나무과의 잎지는 중간키나무
분포지	한국, 일본, 중국
다른 이름	보리똥나무, 염주나무
꽃말	해탈, 부부의 사랑, 결혼

동생과 동생 친구를 데리고 집 뒤 놀이터에서 노는데 아버지가 오셔서 다 같이 술래잡기를 했다. 아버지가 술래가 되어 우리를 잡으러 다니다가 작은 대추 같은 붉은 열매가 달린 나무를 보곤 모두를 불러 모으셨다. 아버지가 열매를 따서 나눠주자 동생이 먹어도 되냐고 여쭤봤는데 그렇다고 하셨다. 나도 그 자리에서 먹어보니 시고 떫지만 살짝 단맛이 났다.

보리수는 옛날에 부처님이 그 아래서 해탈했다 하여 '깨달음을 이룬 나무' 라는 뜻의 Bodhidruama라고 불렸는데 불교가 중국에 들어오면서 한자로 번역되어 보리수(菩提樹)가 되었다. 그런데 중국과 우리나라는 추워서 보리수가 자라기 힘들어 그 대용으로 심은 나무가 보리수나무(甫里樹)다. 혼동을 막기 위해 보리자나무라고도 한다.

🍃 내가 관찰한 나무의 모습

입술같이 생긴 잎은 끝이 약간 뾰족한데 뒷면은 은백색이고 햇빛을 반사하는 것 같다. 하얀 꽃은 5~6월에 피는데 시간이 지나면 비에 젖어 점점

뒷면이 하얗게 빛나는 느낌이 든다.

노랗게 변하는 난쟁이 우산 같아 보인다. '보리똥' 이라고도 불리는 열매는 끝이 둥글고 긴 캡슐처럼 생겼다. 10월엔 푸른 열매가 붉고 반질반질하게 익는데 표면엔 하얀 반점들이 있다.

　잎, 줄기, 열매엔 독성이 없어 모두 약용으로 쓰인다. 목재는 탄력이 있고 잘 부러지지 않아 농기구나 연장, 지팡이를 만드는 데 쓰였다.

🌿 내가 조사한 나무에 얽힌 이야기

옛날 어떤 사람이 수행을 하기 위해 절에 들어가 10년간 일만 했다. 그는 불경 한 줄조차 외우지 못했지만 사람들을 많이 도와줘 대덕(大德)이란 별호를 갖게 되었다. 어느 겨울날 그는 아픈 노인을 도와주고 돌아오는 길에 눈보라에 파묻혀 얼어 죽고 말았다. 봄이 오자 대덕이 목에 걸고 다니던 염주알 중 하나가 싹을 틔워 보리수나무가 되었다고 한다.

🌿 나무를 보고 느낀 점

불교에선 인간이 모든 속박에서 벗어나 자유롭게 된 상태를 해탈(解脫)이라 한다. 부처님은 보리수 아래서 굶주림과 온갖 고통을 이겨내고 해탈하셨다. 대덕은 10년간 일만 하다가 죽었지만 그의 염주알이 보리수나무로 자라 해탈하였다. 그래서 보리수나무는 꽃말이 '해탈' 이고, 대덕처럼 힘든 사람들을 위해 모든 부위를 약용으로 쓰나 보다.

결국은 그 그늘을 지나게 되는 보리수나무

창세기의 소돔과 고모라처럼 한 마을이 통째로 징벌을 받는 장면이 그리스 신화에도 등장한다. 제우스는 대홍수를 일으켜 악한 사람들이 가득한 프리기아를 물에 잠기게 하고, 평생 신을 섬기며 살다가 죽을 때 같이 죽고 싶다는 착한 필레몬과 바우키스 부부의 소원을 들어준다. 부부는 각각 참나무와 보리수로 변해 영원히 서로 마주 보고 살게 되었다.

'보리수'라 불리는 나무가 3가지(뽕나무과, 피나무과, 보리수나무과) 있다. 고타마 싯다르타가 그늘 아래 6년 동안 앉아 있다가 도를 깨친 보리수(뽕나무과)는 아열대 지방에서 자라기 때문에 우리나라에서는 볼 수 없다. 보리(菩提)는 불교에서 깨달음의 과정과 지혜를 뜻하는 산스크리트의 'Bodhi'를 한자로 쓴 것으로, 나무는 菩提樹라 쓴다.

불교 신자들은 잎이 비슷하고 염주처럼 둥근 열매를 맺는 나무를 절 주변에 심고 보리수(피나무과)라고 불렀다. 프란츠 슈베르트의 "성문 앞 우물 곁에 서 있는" 〈보리수〉(Der Lindenbaum)나, 빌헬름 바그너의 〈니벨룽겐의 반지〉에 등장하는 영웅 지크프리트가 용을 죽이고 그 피로 목욕할 때 그의 등에 달라붙은 나뭇잎도 바로 이것이다.

바우키스가 변신한 보리수(보리수나무과)는 불교와 전혀 관련 없으며, 한자로는 甫里樹라 쓴다. 이름의 유래에 대해서는 몇 가지 설이 있다. 씨가 보리를 닮았다거나, 보리가 익을 무렵 꽃이 핀다고 해서 보리수라는 이름이 붙었다고 한다. 또 우리나라 남해 어딘가 보리(甫里)라는 바닷가 마을에서 많이 자라는 나무에서 유래했다는 설명도 있다.

필레몬과 바우키스 부부의 소원 덕분일 것이다. 참나무와 보리수는 수

명이 비슷하고 비교적 오래 사는 편이다. 갸름하게 생긴 잎을 뒤집어 보면 은가루를 잔뜩 뿌려놓은 듯 하얗게 반짝인다. 매우 짧은 은빛 털이 촘촘히 나 있기 때문이다. 꽃과 열매는 물론 줄기에도 은빛 털이 반짝인다. 바우키스처럼 곱게 늙은 실버(Silver) 족의 특징일까? 임선기 시인은 "보리수 잎이 찬연하던 봄에는 보리수 잎으로 눈을 닦았다"고 했다.

오뉴월에 피는 꽃은 끝이 네 갈래로 갈라진 작은 나팔처럼 생겼다. 처음에 하얗게 피었다가 차츰 노란 빛으로 색깔이 바뀌는 마법의 은나팔이다. 나무 전체를 뒤덮는 그 은은한 침묵의 나팔소리에 이끌려 벌들이 꿀을 찾아 모여든다.

손가락 첫 마디만한 열매는 갸름한 앵두처럼 붉다. '꽃보다 예쁜 열매'란 이걸 두고 하는 이야기일 것이다. 겉보기와 달리 맛은 시금털털한 편으로 별 인기가 없다. 염소똥을 닮았다고 해서 '보리똥'이라 부르기도 한다. 『조선왕조실록』에 따르면 연산군이 이 열매를 즐겨 찾았다고 한다.

보리수나무는 석가의 보리수와 발음이 같아 불교 신자들에게서 가끔 분수에 넘치는 귀한 대접을 받는다. 그러나 우리나라에는 불교와는 아무 상관 없이, 불교가 들어오기 훨씬 전부터 '보리수'라는 이름을 가진 나무가 자라고 있었다.

비슷한 이름도 많다. 보리자나무(피나무과), 보리장나무(보리수나무과), 보리밥나무(보리수나무과), 뜰보리수(보리수나무과)처럼 그 이름이나 생김새가 비슷비슷해 헷갈린다. 석가도 보리수 아래 앉아 있었고, 슈베르트도 보리수 아래서 단꿈을 꾸었다. 사람들은 제각기 다른 보리수 그늘을 지나는 것이다. 어느 보리수 아래 가면 진리를 깨칠 수 있을까?

김승희 시인은 "이 세상에 얼마나 많은 나무 아래 길이 있을까" 궁금하게 여기다가 "어느 나무 아래 길을 걸었다/ 하더라도/ 결국은/ 보리수나무 아래 길을 걸은 것"으로, "모든 길이란, 아마도, 나,/ 자신의 보리수나무 아래로 가는/ 길"이라는 진리를 불현듯 깨닫는다.

마가목

학명	*Sorbus commixta Hedl.*
분류	쌍떡잎식물 이판화군 장미목 장미과의 잎지는 큰키나무
분포지	한국, 일본
다른 이름	정공등(丁公藤)
꽃말	게으름을 모르는 마음, 신중, 조심

어느 토요일 오후, 아버지와 목욕을 갔다 돌아오는 길에 우리 집 바로 앞 화단에 높게 뻗은 나무가 눈에 들어왔다. 집을 나설 때마다 늘 마주쳐 평소에도 이름이 궁금했다. 아버지께 여쭤봤는데 당황스러운 표정으로 모른다고 하셨다. 2주일 뒤 목욕 갔다 오는 길에 다시 여쭤봤더니 이번엔 마가목이라고 자신있게 대답하시면서 경비아저씨가 알려줬다고 하셨다. 이 경험이 내가 이 책을 쓰게 된 계기이기도 하다.

🌿 내가 관찰한 나무의 모습

마가목은 봄에 말의 이빨과 비슷하게 생긴 새싹이 말의 이빨처럼 힘차게 돋아 마아목(馬牙木)이라 불리다가 마가목이 되었다. 죽어가는 말이 잎을 먹고 살아나 마가목이라고 붙였다는 유래도 있다.

잎은 5~7쌍의 사람들이 기다란 식탁을 사이에 두고 2줄로 의자에 앉은

잎맥을 중심으로 좌우가 비대칭이며 생선가시 같다.

것처럼 보인다. 5~6월에 흰 꽃들은 마치 솜사탕처럼 뭉쳐 핀다. '마가자'(馬加子)라고 불리는 동그랗고 푸른 열매는 9~10월에 붉게 익는다. 바람이 불면 딸랑딸랑 소리가 날 것 같은 열매는 쥐가 고양이에게서 도망가기 위해 목에 매달려고 하던 방울처럼 생겼다.

옛날부터 풀 중에서는 산삼이 약으로 제일이지만 나무 중에서는 마가목을 으뜸으로 여겼다. 산뜻한 향이 나는 줄기는 차로 달여 마시기도 한다.

🌿 내가 조사한 나무에 얽힌 이야기

옛날 중국 명나라 안문(雁門)이란 곳에 해숙겸(解叔謙)이란 사람의 어머니는 풍습병(風濕病)을 오랫동안 앓았다. 많은 의사들에게 치료를 받았지만 효과가 없어 해숙겸은 밤낮을 가리지 않고 기도를 하였다. 어느 날 해숙겸은 마가목의 말린 껍질을 달여 먹으면 나을 수 있다는 어떤 스님의 말을 듣고는 어머니께 그대로 해드려 병을 치료했다 한다.

🌿 나무를 보고 느낀 점

해숙겸의 어머니가 앓은 풍습병은 아마 호흡기 질환일 것이다. 스님은 바람과 습기로 인해 목이 약해져 기침과 가래를 없애는 효과를 가진 마가목을 사용하라 했기 때문이다. 기침이 심하고 바람을 싫어하시는 친구의 아버지를 보니 아무래도 천식으로 고생하시는 건 아닌가 싶다. 호흡기 질환을 마가목의 말린 껍질로 치료하고 폐활량을 늘리면 나중엔 말처럼 힘차고 쌩쌩하게 달릴 수 있지 않을까?

하늘나라의 정원수처럼 멋진 마가목

러시아 혁명의 와중에 빨치산에게 납치돼 산속에 갇혀 지내던 지바고는 어느 날 콩새가 날아와 눈 덮인 나무에서 붉은 열매를 쪼아 먹는 걸 보았다. "난 향수에 젖은 가련한 병사/ 나는 쓰라린 구속을 박차고/ 나의 빨간 열매, 나의 사랑을 찾겠네." 보리스 파스테르나크의 『닥터 지바고』에서 지바고는 눈이 시리도록 파란 하늘 아래 예쁘게 달린 붉은 열매를 보며 라라를 그리워했다.

이 나무가 바로 마가목이다. 마가목이 봄에 보여주는 변화는 상당히 극적이다. 마른 가지에 푸른 기운이 살짝 비치는가 싶더니 어느 순간 갑자기 푸른 빛으로 뒤덮인다. 새싹이 어린 잎을 펼치는 과정이 마치 느린 화면(slow video)을 보는 듯 순식간에 일어난다. 새싹이 말의 이빨처럼 가지런하고 힘차게 돋아난다 해서 마아목(馬牙木)이라 부른 것이 나중에 마가목이 되었다. 라라의 성격도 그렇게 싹싹했을 것이다.

5월이 되면 힘차게 뻗은 가지 끝에 하얀 구슬처럼 동글동글한 꽃봉오리 다발이 돋아난다. 봄인데 하얀 열매가 사탕다발처럼 달린 것 같다. 그 모습 그대로 붉게 칠하면 붉은 열매가 달린 가을 풍경이 될 것이다. 작고 흰 사탕 하나하나가 앙증맞게 흰 꽃잎을 솜사탕처럼 펼치기 시작할 때, 지바고는 라라의 그 맑은 모습에 연정을 품기 시작했을 것이다.

꽃이 많으니 열매도 많을 수밖에……. 열매가 노랗게 익기 시작해 차츰 주황색에서 붉은색으로 물드는 것을 보면 가을이 겨울로 바뀌는 과정을 그대로 실감할 수 있다. 좀 많다고 느낄 정도로 열매가 풍성하게 달리기 때문에 가지가 축 늘어진다. 늦가을이 되면 그 열매와 이파리가 서로 경쟁이라도 하듯 붉은 자태를 뽐낸다.

열매의 맛에 취했을까, 풍경의 멋에 취했을까? 마가목에 앉아 열매를 한껏 쪼아먹은 새들은 가끔 술에 취한 듯 비틀거린다. 열매에 들어 있는 성분 때문이다. 마가목의 열매와 껍질은 기침이나 가래를 멎게 하는 데 최고의 약효를 지니고 있다. 심마니들이 풀 중에서는 산삼, 나무 중에서는 마가목을 으뜸으로 여길 정도다.

앙드레 지드의 『좁은 문』에서 제롬이 두근거리는 마음으로 알리샤를 만나러 가는 정원에 하얀 마가목 꽃이 반갑게 피어 있었다. 레프 톨스토이의 『행복』에서 세르게이와 마리아가 결혼식을 올리는 맑은 가을 아침 정원엔 마가목 열매송이가 빨갛게 익어 작은 가지에 매달려 있었다. 미우라 아야코의 『빙점』에서 자신이 양녀라는 사실을 알고 혼자 있는 즐거움을 깨닫게 된 요코는 새빨간 마가목 열매에 흰 눈에 쌓인 모습을 좋아했다.

게르만 신화에서 천둥번개의 신 토르(Thor)는 친구인 불의 신 로키(Loki)의 복수를 위해 원정을 가던 가운데 갑자기 불어난 강물에 떠내려가다 마가목 가지를 붙잡고 살아났다. 그 뒤 토르는 마가목을 성스러운 나무로 대접했다. 'Thursday'(목요일)는 '토르의 날'이라는 뜻이다.

토르의 나무라서 그럴까? '하늘나라의 정원수'라는 별명이 정말 잘 어울린다. 높고 추운 지역을 좋아하는 마가목의 아름다움은 세속의 잣대에서 멀찌감치 떨어져 있다. 일종의 카타르시스를 느끼게 하는 아름다움이랄까? 눈이 시리게 파란 하늘 아래, 하얀 눈을 뒤집어쓴 불타는 듯한 열매를 보게 되면 누구든지 지바고처럼 라라를 떠올리지 않을 수 없을 것이다. 누구든지 시인이 되지 않을 수 없을 것이다.

때죽나무

학명	*Styrax japonicus S.et Z.*
분류	쌍떡잎식물 합판화군 감나무목 때죽나무과 잎지는 큰키나무
분포지	한국, 일본, 중국, 필리핀
다른 이름	때중나무, 떼중나무
꽃말	겸손

비가 오는 어느 날, 회사에서 돌아오시는 아버지를 마중하러 우산을 들고 버스정류장에 나갔다. 기다리며 주위를 둘러보던 중 밤에도 하얗게 빛나는 조명 같은 꽃이 수천 송이 달린 나무를 봤다. 마침 아버지가 버스에서 내리셨는데 한 손에 우산을 들고 계셨다. 때죽나무 조명을 받으며 어이없어하는 내가 왠지 만화에서 보던, 스포트라이트를 받으며 절망하는 주인공 같았다.

🌿 내가 관찰한 나무의 모습

둥글고 반질반질한 열매가 떼 지어 대롱대롱 열린 모습이 마치 스님들이 모여 있는 것처럼 보여 떼중나무라고 하다 때죽나무로 바뀌었다고 한다. 또 나무껍질이 때가 낀 것 같아서 때죽나무라고 불렀다고도 한다.

다른 꽃은 당당히 하늘을 보고 피는데 때죽나무 꽃은 땅을 보고 핀다.

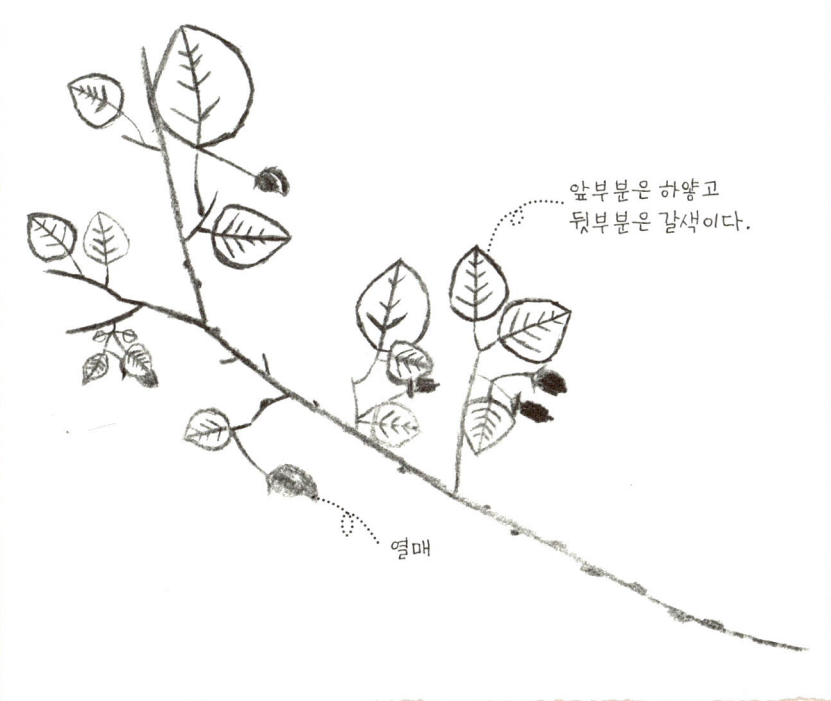

앞부분은 하얗고
뒷부분은 갈색이다.

열매

서양에서는 아래로 매달린 모양이 종처럼 생겼다고 해서 snowbell이라고 부른다. 꽃은 5~6월쯤에 피는데 향기가 좋아서 향수로도 사용한다. 도토리같이 생긴 연푸른 열매는 7~9월에 달리고 갈색으로 익는다.

   때죽나무는 불을 지피면 연기가 나지 않아 땔감으로 많이 쓰였다. 열매는 기름기가 많아서 머릿기름을 짜거나 등잔불을 켤 때 좋았다. 민간에서는 이나 목이 아플 때 꽃을 약으로 썼고 제주도에서는 빗물을 정수하는 데 가지를 사용했다.

🌿 내가 조사한 나무에 얽힌 이야기

열매를 돌로 찧어 물에 넣으면 물고기가 정신을 잃고 둥둥 떠오른다. 열매껍질에 강한 독이 있기 때문이다. 물고기를 떼로 죽이는 나무라서 때죽나무라고 불렀다는 이야기도 있다. 꽃이 땅을 보고 고개를 푹 숙이는 이유는 미안하고 슬퍼서일 것이다.

🌿 나무를 보고 느낀 점

때죽나무 꽃은 하얀 갓 아래 노란 빛을 내는 작은 전등 같다. 바람이 불면 그 수많은 전등에 불이 다 켜지고 종소리가 딸랑딸랑 들리는 착각에 빠진다. 우리 집에 때죽나무를 한 그루 심어놓으면 집안이 환하고 경쾌한 음악으로 가득할 것이다.

개미허리를 가늘게 만든 때죽나무

제주도에는 무속에 대한 전설이 많다. 〈세경본풀이〉를 보면 자청비(自請妃)가 좁쌀 한 톨을 두고 개미와 실랑이를 벌이다가 화가 나 회초리로 개미를 때렸다. 이때부터 개미는 허리가 몽똑하게 가늘어졌다. 〈차사본풀이〉를 보면 인간의 죽음을 알리는 까마귀가 제멋대로 울자 강림도령도 화가 나 회초리로 까마귀 종아리를 때렸다. 이때부터 까마귀는 아장아장 걷기 시작했다. 이들 회초리는 모두 때죽나무로 만든 것이다.

때죽나무는 어디서나 흔하게 잘 자란다. 큰 나무 아래서도 햇빛 한 가닥만 비치면 비집고 들어가 뿌리를 내린다. 흔하다는 것은 쓸모가 많다는 이야기다. 때죽나무는 목질이 깨끗하고 질기며 감촉이 좋기 때문에 회초리가 제격이다. 이 땅의 선비는 어릴 때 서당의 때죽나무 회초리에게서 절제를 배운 셈이다.

회초리를 맞은 악동들이 가만 있을 리 없다. 도토리만한 때죽나무 열매를 한 움큼 따서 넓은 돌에 놓고 짓이기면서 분풀이를 한다. 도랑에서 다슬기나 가재를 잡다가 싫증나면 돌을 모아 물길을 막아놓고 으깬 열매찌끼를 훅 뿌리면 붕어, 버들치, 누치, 납자루 같은 물고기들이 기절하여 둥둥 떠오른다. 때죽나무 열매는 천연마취제인 셈이다. 맨손으로 물고기를 잡는 즐거움을 누가 아랴?

열매를 짠 기름은 불을 켜거나 머리를 단장하는 데 쓰고, 열매를 빻아 푼 물은 기름 빨래하는 데 썼으며, 꽃은 향수를 만드는 데 썼다. 조정래의 『태백산맥』을 보면 빨치산이 때죽나무 숯에 오줌과 유황을 섞어 화약을 만드는 장면이 나온다. 또 태워도 연기가 적게 나기 때문에 산속에 숨어서 밥을 짓는 땔감으로 쓰기도 했다.

물이 귀한 제주도에서는 때죽나무를 정결한 나무로 여겼다. 가지와 줄기에 띠를 엮어 줄을 매고 줄 끝에 항아리를 두고 빗물을 받는다. 이를 '참받은 물'이라 하는데, 물맛도 좋고 석 달이 넘도록 변질되지 않아 귀한 용도로 아껴 썼다.

나무는 흔하지만 꽃은 유별나다. 가지 아래 떼지어 매달린 작고 하얀 꽃은 종(鐘)처럼 생겼다. 그래서 제주도에서는 '종낭'(종나무)이라 하고, 영어로는 snowbell이라 부른다. 봄바람에 앙증맞게 흔들리는 모습을 보면 정말 달랑달랑 꽃소리가 나는 것 같다.

모든 꽃이 하늘을 향해 태양의 사랑을 갈구하는데, 때죽나무꽃은 땅을 향해 다소곳이 부끄러움을 감춘다. 꽃술을 보려면 왠지 쑥스럽다. 허리를 구부리고 가지 밑으로 들어가서 여인의 치마 속을 들여다보듯 살짝 올려다봐야 하기 때문이다.

때죽나무꽃은 왜 아래로 향하는 것일까? 박두규 시인은 "그대를 못 잊어 그대 안에 때죽나무꽃으로 핀다 해도/ 그건 내 사랑보다도 그대의 오래된 사랑 때문이다"며 그 이유를 설명한다. 천향미 시인은 산책길에 때죽나무 꽃을 보고 "코 끝 쏴아한 향기에 화들짝 놀랍니다/ 꽃이 질 때는 향기도 함께 진다는 것/ 그제사 눈치 챈 까닭입니다"며 〈어떤 깨달음〉을 고백한다.

때죽나무를 보면서, 회초리는 저렇게 많이 남아 있는데 회초리의 주인은 계시지 않는다는 사실을 문득 깨닫는다. 회초리로 맞은 아픔은 해마다 순백의 꽃으로 아름답게 피어나는데, "내 사랑보다 오래된" 그분의 사랑에 화들짝 놀라면서 꽃이 질 때 그분의 "향기도 함께 진다는 걸 그제사 눈치 챈 까닭"이다.

명자나무

학명	*Chaenomeles lagenaria Koidz.*
분류	쌍떡잎식물 장미목 장미과의 잎지는 작은키나무
분포지	한국, 중국
다른 이름	아가씨나무, 보춘화, 산당화
꽃말	열정, 조숙, 평범

우리 집 앞 주차장에서 사촌동생과 함께 캐치볼을 했다. 잘 주고받다가 사촌동생이 잘못 던져 공이 내 뒤로 빠졌다. 공이 데구르르 굴러가다 키 작은 나무울타리 사이에 숨었다. 공을 찾아 꺼내다가 나무에 있는 가시에 손을 찔려 캐치볼을 더 이상 할 수 없게 되었다. 가시가 없는 것처럼 순하게 생겼는데 느닷없이 갑자기 찔려서 엄청 아팠다.

🌿 내가 관찰한 나무의 모습

명자나무의 꽃은 장미와 함께 5월에 가장 붉은 꽃이라고 해도 손색이 없을 만큼 강렬하다. 명자꽃과 장미꽃은 대부분 붉은색이지만 흰색이나 분홍색도 가끔 있다. 명자나무와 장미는 줄기에 가시가 달려 있어 꽃을 함부로 꺾거나 도둑이 쉽게 침입하지 못하게 한다.

    장미는 품위있고 화려해서 꽃의 여왕이라 하고, 명자나무는 은은하고 청초해서 아가씨나무라고 한다. 명자나무는 장미와 달리 4~5월에 암꽃

가시가 나 있다.

도톰한 타원형이다.

과 수꽃이 따로 핀다. 잔가지가 많은 줄기는 가시가 숨어 있기 딱 좋은 장소다. 우글쭈글한 사과처럼 생긴 골프공을 닮은 열매는 10월에 노랗게 익는다.

열매는 맛과 향기가 좋아 과실주로 담그기도 한다. 같은 명자나무속(屬)이기 때문에 모과와 사촌쯤 되어 효능은 모과와 거의 비슷하다. 냄새가 맵고 좋아서 옷장에 넣으면 벌레와 좀이 죽는다고도 한다.

🌿 내가 조사한 나무에 얽힌 이야기

옛날에 명자나무는 꽃이 매우 아름답고 봄이 한창 익어가는 시기에 흐드러지게 피기 때문에 여자가 보면 마음이 들뜬다고 한다. 그래서 마당에는 심지 않고 먼발치에 울타리용으로 심었다. 그렇다고 여자들이 보지 못하는 건 아닐텐데…….

🌿 나무를 보고 느낀 점

명자꽃은 예뻐서 별명이 아가씨나무인데, 열매는 우글쭈글해서 작고 못생긴 호박 같다. 그렇지만 열매는 냄새가 좋고 약효도 뛰어나다. 말없이 조용히 남에게 도움을 주는 사람 같다. 명자나무가 집을 지키는 울타리라면, 이런 사람은 세상을 지키는 울타리다.

울타리 너머 사랑을 꿈꾸는 명자나무

널뛰기는 고려시대에 문밖 출입이 자유롭지 않던 여인네가 울타리 밖의 세상과 거리의 남정네를 콩닥콩닥 엿보기 위해 안마당에 모여 널을 뛰던 데서 비롯됐다. 경북 안동지방에 남아 있는 널뛰기 노래를 보면 "규중생장(閨中生長) 우리 몸은 설놀음이 널뛰기"라는 구절도 있다. 설에 잠시 널을 뛰고, 단오에 잠시 그네를 뛰고 나면 일년 내내 집안에 갇혀 사는 마음은 얼마나 답답할까?

명자나무는 스스로 울타리를 만든다. 가시가 길고 가지를 자르면 싹이 쉽게 돋아 모양을 마음대로 조절할 수 있으며, 무리지어 빽빽하게 사람 키보다 조금 높이 자라기 때문에 울타리로 적합하다. 예로부터 바깥을 향한 여인들의 시선을 가로막는 역할을 해온 것이다.

담장 밖의 세상을 엿보려는 여인의 옹골진 욕망을 담았을까? 명자나무는 동백처럼 단아하고 화사한 꽃을 피운다. 울타리 너머 사랑을 꿈꾸는 것일까? 빨간 꽃잎에 노란 꽃술은 빨간 치마와 노란 저고리를 입은 아가씨 같다. '아가씨꽃나무'라는 별명처럼 정말 예쁘다. 그래서 부녀자가 보면 바람이 난다고 집안에 심지 못하게 했나 보다.

수필가 우종영은 『나는 나무처럼 살고 싶다』면서 "내가 보아도 명자나무는 멀쩡한 사람도 홀리게끔 생겨 먹었다"고 경계한다. "마치 누군가 봐주길 기다린 것처럼 보일 듯 말 듯 사람 마음을 간지럽힌다. 아무리 요조숙녀라도 그 꽃을 계속 보다 보면 어느샌가 장옷을 꺼내 입고 문밖 출입을 한다는 거다."

여인의 눈에 명자나무는 질투의 대상이자 자신의 투영이다. 이영혜 시인은 "내 남편의 첫사랑은/ 명자, 명자나무/ 갈비뼈 사이 어디쯤에서/ 아직도 나붓거리고 있을"/ 〈붉은 꽃잎의 기억〉을 아직도 질투한다. 홍성란 시인은 〈명자꽃〉 "혼자 벙글어/ 촉촉이 젖은 눈/ 다시는 오지 않을 밤/ 보내고는/ 후회"하고, 강영은 시인은 "청춘의 푸른 붓끝에서 젖몸살 앓던/ … (중략) … / 그녀의 푸른 단칸방이/ 명자나무 울타리 너머 아늑했을 뿐/ 내가 없었다"며 〈내 슬픈 전설의 22페이지〉를 담담하게 들춰본다.

꽃이 너무 예쁘면 열매가 부실하다던가? 명자나무 열매를 보면 어릴 적 어른들 말씀이 생각난다. 예쁘거나 부실하다는 기준이 지극히 인간 중심이기는 하지만, 명자꽃의 도발적인 아름다움을 기억하는 이에게 저 열매는 도대체 어디서 주워 달았을까 싶을 정도로 전혀 어울리지 않는 자손이다.

탁구공처럼 작은 사과가 못생긴 모습이 부끄러워 무성한 잎 뒤에 얼굴을 가리고 올망졸망 숨은 것 같다. 그렇게 예쁜 꽃이 어떻게 이런 후손을 낳았을까? 고혹적인 꽃을 자랑하는 장미과의 집안 내력인가? 사촌쯤 되는 모과나무 열매처럼 안쓰러울 정도로 못생겼지만, 그래도 가슴 깊숙이 기억을 파고드는 달콤한 향기가 참 좋다. 열매는 못생겨도 향기가 좋아 마멀레이드(Marmalade)를 만드는 마르멜로(Marmelo)도 명자나무의 사촌뻘이다.

희거나 노랗거나 발그레한 꽃이 아지랑이처럼 아른거리는 봄에 명자꽃만큼 붉게 흐드러지는 꽃은 없다. 평소에 무심히 지나치다 어느 날 문득 잎 뒤에 숨어 있는 명자꽃을 보게 되면, 고향집 어느 골목 울타리 뒤에서 갑자기 그녀를 마주친 것 같은 느낌이 든다. 반가움과 설렘과 당황스러움이 뒤섞인 묘한 감정이다. 사춘기에 엿본 그녀의 마음은 그리도 붉었다. 아직도 마음이 아리다. 아참! 그녀의 이름이 …… '명 …… 자'였던가…….

자귀나무

학명	*Albizia julibrissin* Durazz.
분류	쌍떡잎식물 장미목 콩과의 잎지는 중간키나무
분포지	한국, 일본, 이란, 남아시아
다른 이름	합환목, 합혼수, 유정수, 소쌀나무, 소찰밥나무
꽃말	가슴이 두근거림, 환희

분당 율동공원에 조각 작품들이 전시된다는 소문을 듣고 가족과 함께 구경하러 갔다. 한참 작품들을 구경하는데 동생이 어디선가 납작한 콩깍지를 가져오며 저쪽 가로등 옆에 있는 나무에서 따왔다고 했다. 콩은 나무에서 열리지 않는데…… 의심이 들어 가까이 가보니 정말 콩깍지를 닮은 열매들이 여기저기 달려 있었다.

🌿 내가 관찰한 나무의 모습

자귀나무는 밤이 되면 깃털처럼 생긴 잎이 서로 마주 붙는다. 잎안에 있는 수분이 날아가는 것을 막기 위해서인데, 그 모습이 마치 자는 귀신 같다하여 자귀나무라고 부른다. 또 나무를 깎을 때 쓰는 연장인 자귀의 손잡이로 쓰였기 때문에 자귀나무라고도 한다.

꽃은 6~7월에 분홍색으로 염색한 명주실처럼 곱게 핀다. 그래서 자귀나무는 영어로 Silk tree고, 한글로 번역하면 비단나무다. 콩꼬투리처럼 생긴 열매는 9~10월에 익으며 안에는 콩처럼 생긴 씨앗이 10개 정도 들어 있다. 겨울바람이 불면 바짝 마른 열매가 서로 사박사박 부딪치는 소리가 여자들이 수다 떠는 것 같아 여설수(女舌樹)라고도 불린다.

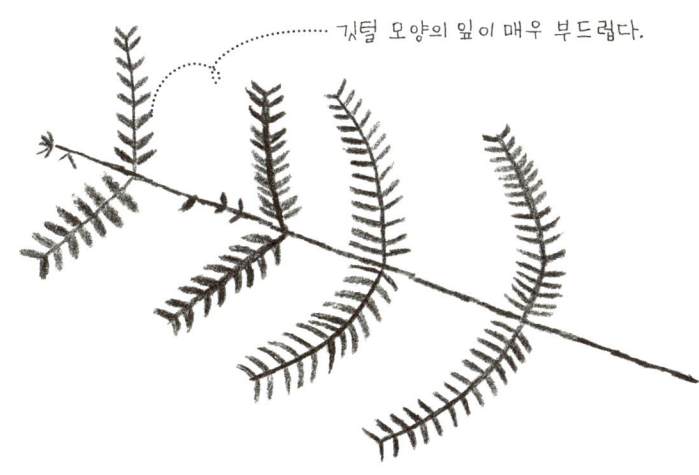

깃털 모양의 잎이 매우 부드럽다.

자귀나무는 분홍꽃이 아름답고 푸른 잎이 아기자기해 주로 조경수로 심는다. 줄기껍질은 단맛이 살짝 나고 독이 없다. 달여 먹거나 가루 내어 먹으면 몸이 가벼워지고 다리도 튼튼해진다. 피부에 바르면 종기나 습진, 짓무른 데, 타박상 그리고 피부병을 낫게 한다.

🌿 내가 조사한 나무에 얽힌 이야기

옛날 중국에 '장고'라는 청년이 언덕을 넘다가 아름다운 꽃으로 뒤덮인 집에 사는 처녀를 보고 반해 그 꽃을 따 청혼했다. 행복하게 살다가 장고는 어느 날 다른 여자에 빠져 집으로 돌아오지 않았다. 절망에 빠진 처녀는 꿈에 나온 산신령의 말을 따라 언덕에 있는 꽃을 꺾어 방안에 갖다놓았다. 어느 날 돌아온 장고는 그 꽃을 보고 옛 추억을 떠올리며 처녀만을 사랑했다고 한다.

🌿 나무를 보고 느낀 점

밤에 자귀나무 꽃을 보면 나무 위에서 불꽃놀이를 하는 것 같다. 마치 팝콘을 튀기듯 꽃이 연분홍 불꽃을 내며 핀 것처럼 보이기 때문이다. 자귀나무 꽃으로 폭죽을 쏴 올리면 불꽃 모양이 참 멋있을 것 같다.

부부의 금슬을 이어주는 자귀나무

옛날 중국에서 선비 '두양'의 부인 조씨는 해마다 5월 단오가 되면 자귀나무 꽃을 따서 말린 뒤, 베개 속에 넣어 남편이 은은한 향기 속에서 푹 잠들 수 있게 했다. 또 남편이 우울하거나 풀이 죽으면 베개에서 꺼낸 꽃을 술에 타서 마시게 하여 기분을 북돋아주었다.

자귀나무는 머리부터 발끝까지 부부의 금슬을 위해 점지받은 나무처럼 보인다. 꽃은 희고 짧은 비단실 끝에 연분홍을 살짝 물들인 뒤 한 줌씩 묶어 만든 작은 솜털 노리개 같다. 영어로 '비단나무'(Silk Tree)라는 이름이 잘 어울린다.

잎도 참 앙증맞다. 여자 고무신처럼 기름한 작은 잎들이 가는 가지를 중심으로 깃털처럼 촘촘하게 마주 보고 있다가 밤이 되면 잎을 접는다. 잎이 워낙 여리기 때문에 수분이 빠져나가는 걸 줄이기 위해서다. 살짝 건드리기만 해도 잎을 접고 가지를 늘어뜨리는 신경초(미모사)와 닮아, 영어로 '핑크미모사'(Pink Mimosa)라고도 한다.

마흔 남짓한 작은 잎들이 낮에 마주 보다가 밤이 되면 서로 짝을 맞춰 포옹하는 것 같다. 이태수 시인은 "저녁놀 서녘을 물들이고/ 새들이 둥지를 찾을 무렵/ 서로 몸을 마주 접고 입술 비비고/ 깊이깊이 꿈속으로 헤엄쳐 들어가는/ 자귀나무의 어김없는 밤"을 기다렸다.

그래서 자귀나무는 '합환목'(合歡木)이라고도 한다. '합환'(合歡)은 부부가 정을 나누는 금슬의 행위로, 전통 혼례에서 신랑과 신부가 잔을 서로 바꾸어 마시는 술이 '합환주'(合歡酒)다.

황봉학 시인은 "병아리 솜털처럼/ 연하고 부드럽게/ 바람 속에서 춤을 추는/ 신혼부부 한 쌍처럼/ 아름답기만 한 연붉은 꽃"을 좋아했고, 임보 시인은 "분홍 깃털을 정수리에 단 푸른 봉황들이/ 서로의 깃털 속에 부리를 묻고 사랑을 나누고 있다/ 저 윤기 흐르는 녹색의 날개들/ 다치지 않고 서로를 감싸는 무봉(無縫)의 환락(歡樂)"을 느꼈다.

단지 꽃이 솜사탕처럼 달콤해 보이고, 잎이 다정하게 짝을 맞추는 정도로 '합환'을 운운할 수 없다. 자귀나무는 꽃이 합환화(合歡花), 꽃봉오리가 합환미(合歡米), 나무껍질이 合歡皮(합환피) …… 머리부터 발끝까지 온통 '합환'이다. 모두 부부의 금슬을 좋게 만드는 합환의 효능을 갖고 있다는 것이다.

중국의 『박물지』(博物志)는 합환수지계정사지불노(合歡樹之階庭使之不怒)라고 했고, 최표의 〈고령초〉(古令抄)는 합환즉망념(合歡則忘念)이라 했다. 곧 자귀나무는 화를 가라앉히고 기분을 좋게 만든다는 뜻이다. 이 신비한 합환의 힘은 도대체 어디서 오는 것일까?

이태수 시인은 "여름 한낮에는 쏴쏴쏴/ 불볕을 밀며 바람을 빚어내는,/ 또는 밤마다 꿈속에서 팔을 뻗고 몸을 비트는/ 이 가혹한 세월"을 견뎠기 때문이라고 생각했고, 황규관 시인은 "자귀나무 꽃빛에 가슴이 설레는 것은/ 사랑이 아픔을 제 이면으로 가지고 있"기 때문에, "뜨거운 고통에서 천천히 떠오르는/ 옅은 웃음의 파문을 피운다"고 했다.

자귀나무 꽃을 찾던 도종환 시인은 "자귀나무꽃처럼 고운 사람 만나/ 자귀나무꽃처럼 연분홍 아름다운 사랑을/ 하게 되는 날을 꿈꾸었"지만, "자귀나무꽃이 유월도 가장 뜨거운 날/ 왜 그렇게 곱게 피는지" 너무 늦게 깨닫는다. "감당하기 어려운 이별과 오랜 아픔을 거치면서/ 사랑을 알아가는 것인 줄 몰랐어요/ 뜨겁게 살아야 함께 평화롭고 아름다운 날들을/ 만들어가는 것임을 생각지 못했어요/ … (중략) … / 그때 난 스물몇 살이었으므로."

층층나무

학명	*Cornus controversa Hemsl.*
분류	쌍떡잎식물 이판화군 산형화목 층층나무과의 잎지는 큰키나무
분포지	한국, 일본, 중국
다른 이름	계단나무, 등대수(燈臺樹)
꽃말	인내력

어느 더운 여름, 부모님과 함께 집 뒤에 있는 주민센터에 주민등록등본을 떼러 갔다. 2층에 올라가 바깥을 구경하고 있는데 잎들이 계단처럼 층을 이룬 나무가 보였다. 그 나무 위를 한번 올라가보고 싶은 생각이 들었다. 부모님이 볼일을 마치고 1층으로 내려가는데 왠지 그 나무 위를 올라갔다 내려온 기분이었다.

가지가 사방으로 쭉쭉 뻗은 모습이 계단처럼 층을 이룬다 하여 층층나무라는 이름이 붙었다. 넓게 펼친 잎들이 다른 식물을 가리기 때문에 '숲 속의 무법자' 또는 '폭목'(暴木)이라는 별명도 가지고 있다. 학명에서 코르누스(*Cornus*)는 라틴어로 뿔(角)이라는 뜻의 코르누(cornu)에서 유래했는데 나무의 재질이 단단한 걸 의미한다.

🌿 내가 관찰한 나무의 모습

불그스름한 가지는 규칙적으로 돌아가며 수평으로 퍼져 나간다. 긴 하트를 닮은 잎은 크기가 아기의 신발만하다. 하얀 꽃은 5월에 어린 가지 끝에 흰쌀이 쌓인 것처럼 모여 핀다. 가지에 달린 붉은 콩알 같은 열매는 9~10

길쭉한 하트 모양의 잎

월에 검게 익는다. 꽃향기가 좋고 깨끗하게 정리된 인상을 주어 주로 관상수로 심는다.

🌿 내가 조사한 나무에 얽힌 이야기

옛날에 한 부부가 살고 있었는데 남편은 집에 심은 층층나무를 매우 아끼고 사랑했다. 남편이 자신보다 나무를 더 사랑하는 것 같아 질투가 난 부인은 남편이 사냥을 나간 사이에 가지를 꺾으려 하다가 나뭇가지에 튕겨 크게 다쳤다. 이 일이 널리 전해지자 여자들은 층층나무 근처에 가지 않는다고 한다.

🌿 나무를 보고 느낀 점

층층나무는 가지가 층을 이룬 모습이 계단 같다 하여 계단나무라고도 불린다. 한 층 한 층 자라다 보면 하늘로 가는 계단이 만들어질지도 모르겠다. 모든 일에는 순서가 있다. 처음부터 차근차근 하다 보면 어느 순간에 정상에 도착해 있을 것이다. 층층나무처럼 새로 자라는 잎들이 햇빛이라는 기회를 잡아 한 층씩 오르다 보면 크게 성장하여 언젠간 고지에 다다를 것이다.

하얀 꽃탑을 쌓아올리는 층층나무

그리스 신화에서 테이레시아스(Teiresias)는 길에서 짝짓기 하던 뱀 암놈을 지팡이로 쳐서 죽인 죄로 여자가 되어 살았다. 7년 뒤 그는 같은 곳에서 짝짓기 하던 뱀 수놈을 지팡이로 때려 죽여 다시 남자로 돌아왔다.

남성과 여성, 양성을 경험한 까닭에 그는 남녀의 성적인 쾌감의 차이를 따지는 제우스와 헤라의 말다툼에 끼어 제우스를 편들었다가 헤라의 노여움을 사서 장님이 되었지만, 제우스가 불쌍히 여겨 미래를 예언하는 능력을 받았다. 시력과 예언력을 맞바꾸는 단초를 제공한 그의 지팡이는 층층나무로 만든 것이다.

층층나무는 수직과 수평의 아름다운 비율을 보여주는 기하학적인 나무다. 곧고 높게 자라면서, 옆으로 가지를 물레바퀴처럼 넓게 펼친다. 줄기를 중심으로 가지가 수평으로 한 층씩 층을 이루고 있어, 위로 갈수록 작아지는 바퀴를 여러 층 두르고 서 있는 것 같다. 그래서 '층층나무'다. 푸른 잎으로 층층이 쌓아올린 탑처럼 보인다.

왜 그리도 햇볕에 탐닉하는 것일까? 숲에 햇볕이 드는 빈 공간이 생기면 바로 비집고 들어가 뿌리를 내린다. 빠르게 키를 쑥쑥 키워 올리고 가지를 넓게 펼쳐 햇볕을 독점한다. '숲 속의 무법자'라고나 할까, '폭목'(暴木)이라는 별명이 실감난다. 자기 영역을 사수하며 동료의 영역은 절대 침범하지 않는다. 서로 경쟁을 피하기 위해 모여 자라지 않는다는 이야기다.

늦은 봄이 되면 층층나무는 그 넓은 팔에 하얀 꽃을 가득 펼친다. 작고 수수한 우윳빛 꽃들을 작은 접시에 수북이 담아 가지에 여기저기 널어놓은 것 같다. 층층이 하얀 눈이 덮여 있는 것처럼 보인다. 권경업 시인은 봄바람에 스러지는 흰 꽃을 보고 "해도해도, 봄바람 너무한다／ 층층이 고개 떨군 채／ 하얗게 지는 저 꽃 무슨 죄 있나" 하며 안타까워했다.

일본 북부에 사는 아이누 족은 층층나무를 신성하게 섬긴다. 어떤 남편이 뜰에 있는 층층나무를 금이야 옥이야 하며 돌보길래, 그 부인이 심술이 나서 가지를 꺾으려 했다가 튕겨 나온 가지에 코를 크게 다쳤다는 전설 때문이다. 아이누 족은 황벽나무, 층층나무, 오리나무가 천국에서 각각 金, 銀, 銅이 된다고 여겨 신을 받드는 행사에 사용한다.

층층나무의 속살은 색이 연하고 치밀할 뿐 아니라 나이테가 잘 보이지 않아 정갈하고 깨끗한 느낌을 준다. 13세기 고려시대에 몽골을 물리치기 위해 새긴 해인사의 팔만대장경판은 산벚나무를 비롯하여 자작나무나 층층나무를 재료로 사용했다. 지금은 주로 목각재료로 쓰인다.

한 층 한 층 탑을 쌓아 올리는 층층나무는 자칫 경건하다 못해 숭고한 느낌마저 풍긴다. 이홍섭 시인은 〈근하신년〉에서 "제삿날, 어머니가 정성스레 절떡을 쌓아올리듯／ … (중략) … ／ 고요한 산골짝에서 층층나무가 층층이 자신을 밀어 올리듯" 정성스레 새해 인사를 드리고 싶어한다.

김창균 시인은 "층층나무 한 그루를 오래 만지다 오는 길"에 "자신을 모두 밀어 올려／ … (중략) … ／ 가장 연약하고 가난한 끝에／ 꽃 한 송이 피워 올리는" 〈탑〉을 보았다. 고은 시인은 〈층층나무 꽃〉을 보고 "층층이 쌓아 올리는／ 꽃탑／ 하얀 그늘을 바치옵나이다"며 '하얀 꽃탑'을 향해 두 손을 모았다. 층층나무 앞에 서면 곡진함에 곡진함을 포개는 정성으로 두 손 모아 탑돌이를 하고 싶다.

아까시나무

학명	*Robinia pseudoacacia* L.
분류	쌍떡잎식물 장미목 콩과의 잎지는 큰키나무
분포지	한국, 북아메리카
다른 이름	아카시나무, 아카시아나무
꽃말	우정, 품위, 고상함, 정신적인 사랑

유치원에 다닐 때 단체로 소풍을 간 적이 있다. 유치원 근처에 있는 동산에 올라갔는데 선생님은 아까시나무를 알려주시더니 꽃을 따 빨아보라고 하셨다. 꿀은 벌이 만드는 줄만 알았던 나에겐 무척 새로운 경험이었다. 지금도 아까시나무 이름만 들으면 그때 먹은 달콤한 꿀 맛이 생각난다.

학명에 있는 *pseudoacacia*는 '가짜 아카시아'(False Acacia)라는 뜻이다. 아카시아와 아까시나무는 비슷하게 생겼지만 아카시아는 열대 지방에서 자라고 아까시나무는 온대 지방에서 자라기 때문에 서로 다른 나무다. 많은 사람들이 아카시아라고 잘못 부르고 있다. 얼마나 헷갈렸으면 학명을 가짜 아카시아라고 썼을까 싶다.

🌿 내가 관찰한 나무의 모습

타원형 잎은 생선가시처럼 생긴 잎줄기에 9~19개씩 달려 있다. 잎자루 밑에 있는 가시는 없애면 없앨수록 더 많아진다. 5~6월에 피는 하얀 꽃들은 마치 포도처럼 생겼고 향기가 강하다. 콩깍지 같은 열매는 9월에 흐린 노란색으로 익는다. 그 안에 든 검은 씨앗은 완두콩처럼 생겼다.

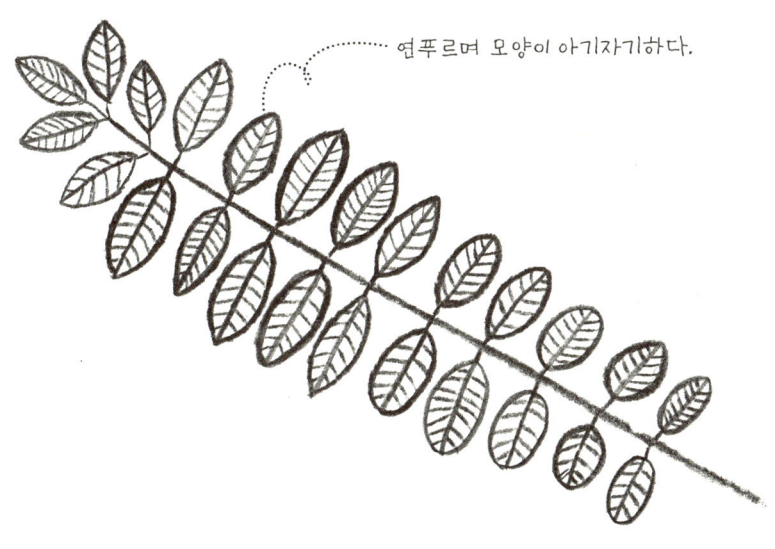

연푸르며 모양이 아기자기하다.

아까시꿀은 달콤한 향과 맛 덕분에 우리가 먹는 꿀의 대부분을 차지할 정도로 많은 사랑을 받는다. 꽃은 그냥 먹어도 되지만 찹쌀떡이나 튀김으로 만들어 먹기도 한다. 아까시나무는 아무데서나 잘 자라고 질소고정균이 많아 땅을 기름지게 만든다.

🌿 내가 조사한 나무에 얽힌 이야기

옛날 어느 왕국의 왕자가 아름다운 꽃이 달린 나무 밑에 어떤 처녀가 잠들어 있는 꿈을 꾸었다. 다음날 왕자는 꿈에서 본 나무를 찾아가 그 처녀를 발견했다. 어디선가 '50살까지 이 처녀를 사랑하면 잠든 처녀는 깨어나고 궁궐은 꽃향기로 물들 것이다' 라는 소리가 들려왔다. 왕자는 잠든 처녀를 궁궐에 옮겨 50살까지 기다렸다. 결국 처녀는 깨어났고 왕자는 옛날 젊었던 모습으로 돌아가 결혼하여 행복하게 살았다고 한다.

🌿 나무를 보고 느낀 점

아까시나무는 땅을 비옥하게 만들어 산을 푸르게 한다. 잎은 토끼가 가장 좋아하는 먹이고 꽃은 비누나 화장품에 향기를 제공하며 꿀은 달콤한 먹을거리를 주고 뿌리는 약으로 쓰게 해준다. 마지막으로 아까시나무는 자신의 몸도 목재로 기증한다. 아까시나무야말로 아낌없이 주는 나무다.

이름만 들어도 가슴이 설레는 아까시나무

프랑스의 작곡가 조르주 비제가 만든 오페라 〈카르멘〉(Carmen)의 주인공은 담배공장에서 일하는 집시 여인이다. 카르멘은 아까시꽃을 물고 공장을 나서다 경비를 맡은 돈 호세에게 꽃을 던지고 깔깔거리며 지나간다. 순박한 군인 돈 호세는 집시 여인의 붉은 치맛자락과 하얀 아까시꽃 향기에 이끌려 격정과 파멸의 구렁텅이에 빠져든다.

프로스페르 메리메의 원작 소설 『카르멘』이 발표되기 250년 전쯤, 프랑스의 장 로뱅은 신대륙에서 아카시아와 비슷한 나무를 발견해서 1601년 유럽에 옮겨 심었다. 스웨덴의 식물학자 칼 폰 린네는 '가짜 아카시아'라는 뜻으로 *pseudo acacia*라는 학명을 붙였다. 영어로는 'false acasia'라 부른다.

'진짜 아카시아'는 오스트레일리아나 아프리카 같은 열대 지방에 주로 자라기 때문에 한반도에서는 볼 수 없다. 따라서 우리나라에서 자라는 '아카시아'는 모두 아까시나무다. 아카시아나 아까시 모두 콩과로, 열대의 아카시아는 캥거루, 기린, 코끼리가, 온대의 아까시는 노루나 토끼가 좋아하는 먹이다.

5월이 되면 아까시꽃은 집시 여인처럼 강렬한 유혹의 눈짓을 보낸다. 주렁주렁 매달린 하얀 우윳빛 꽃송이가 산들바람에 흔들리는 모습은 집시 여인의 치렁거리는 붉은 치맛자락처럼 뭇사내의 가슴을 울렁이게 만든다. 그래, 뭇처녀는 바로 저 치마를 입고 싶을 것이다.

그 달콤한 유혹에 버티기는 정말 어렵다. 산들바람을 타고 코끝을 간지럽히는 꽃향기를 따라가면 어느새 아까시꽃 무리에 홀린 자신을 발견하게 된다. 눈송이처럼 흩날리는 꽃잎을 바라보며 그 꽃잎들이 깔아놓은 하얀 카펫을 밟아보라. 동화의 세계에 등장하는 낭만의 주인공을 부러워할 필요가 없다.

벌들은 벌써 신이 났다. 사랑의 넥타(nectar)를 모으는 걸까? 벌들이 이끄는 대로 하얀 꽃을 한 줌 따서 입에 넣어보라. 집시 여인이 내민 비전(秘傳)의 음식일까? 하얗게 흩날리는 카오스 속에서 잉잉거리는 벌들이 지켜보는 가운데, 상긋한 향기와 농염한 꿀맛을 버무린 꽃잎을 씹는 오묘한 느낌이 오감의 끝을 탐색하게 한다.

집시 여인은 보드라운 가지를 꺾어 내밀며 사랑의 점을 쳐보라고 유혹한다. '그는 나를 사랑한다, 안 한다, 사랑한다, 안 한다'를 되뇌이며 아리따운 이파리를 하나씩 떼내다 보면 마지막 남은 한 잎은 '사랑한다'로 끝난다. 점술의 결과는 이미 예정되어 있다. 아까시는 홀수 깃꼴겹잎 구조이기 때문에 '사랑한다'로 마치게 마련이다.

아뿔사! 고혹적인 집시 여인은 위험한 가시를 숨기고 있던가? 돈 호세도 바로 저 가시에 찔리지 않았던가? 상긋한 꽃맛을 탐닉하면서 사랑의 운명을 점치던 어느 순간 갑자기 따끔한 고통에 깜짝 놀라 손가락을 살피면 카르멘의 치마처럼 애붉은 핏방울을 보게 된다. 돈 호세처럼 한 걸음 물러서 집시 여인의 정체를 깨닫는 순간, 때는 이미 늦었다.

스탕달의 〈연애론〉에 등장하는 순진한 청년 모티머를 보라. 그는 제니와 함께 정원을 산책하다 아까시 덤불에 엉킨 제니의 치마를 풀어내던 장면을 잊지 못한다. 제니의 마음은 전혀 다른 곳에 가 있는데도 말이다.

마르셀 프루스트만큼 아까시의 매력에 빠진 남자도 없을 것이다. 『잃어버린 시간을 찾아서』에서 마르셀은 "여인의 감미로운 매력을 연상시키는 '아까시'라는 그 이름까지 나의 가슴을 두근거리게 한다"고 고백한다. 그 이름마저 내 가슴을 설레게 하던 여인 말이다.

산딸나무

학명	*Cornus kousa F. Buerger ex Miq.*
분류	쌍떡잎식물 산형화목 층층나무과의 잎지는 큰키나무
분포지	한국, 일본, 중국
다른 이름	소리딸나무, 야여지(野荔枝)
꽃말	견고

방학을 맞아 한 달 동안 캐나다 밴쿠버에 어학연수를 갔다 왔다. 며칠 뒤 캐나다에 오래 살았던 이모와 만나 밖에서 점심을 먹었다. 소화시킬 겸 식당 근처를 둘러보다가 라스베리(Raspberry)와 비슷한 열매를 발견했다. 캐나다에서 따먹었던 기억이 있어 살짝 베어 먹었는데 맛이 전혀 달랐다. 자라는 곳이 달라서 그런가?

산딸나무는 열매가 산딸기와 비슷해서 붙은 이름이다. 산딸나무 열매는 맛이 없고 멍들고 못생긴 산딸기처럼 보인다. 산딸기는 열매가 5월에 한 가지에 여러 열매가 모여 열리는 반면, 산딸나무는 열매가 10월에 버찌처럼 하나만 달린다.

🌱 내가 관찰한 나무의 모습

꽃은 6월에 마치 날개가 4개 달린 흰나비처럼 핀다. 바람이 불 때 꽃이 핀 모습을 멀리서 보면 흰 나비떼가 나무에 앉아 날개를 펄럭이는 것 같다.

잎에 윤기가 돈다.

그런데 나비의 날개처럼 보이는 것은 사실 꽃잎이 아니고 꽃받침이다. 수술이 모여 있는 것처럼 보이는 가운데 둥근 부분이 진짜 꽃이다.

가을에 빨간 열매와 붉은 단풍은 모양이 예뻐서 꽃밭이나 공원에 주로 심는다. 줄기는 단단하고 질겨서 오보에 같은 목관악기나 가구를 만들고, 낫 같은 농기구의 자루로도 쓴다.

🌿 내가 조사한 나무에 얽힌 이야기

예수님이 십자가에 못 박혀 돌아가실 때 십자가를 만든 나무가 바로 산딸나무라고 한다. 예수님께서는 산딸나무를 가엾게 여기고 더 이상 십자가로 사용되지 않도록 나무를 작아지게 했다고 한다. 하지만 이 이야기는 사실이 아닌 전설로 알려졌다.

🌿 나무를 보고 느낀 점

산딸나무에 있는 흰 꽃나비가 진짜 나비처럼 날아다니면 좋겠다. 나비는 봄에 이 나무 저 나무 날아다니다가 가을에 산딸나무에 앉아 산딸기처럼 빨간 알을 낳을 것이다. 그 알을 가져와 부화시키면 봄에는 우리 집 꽃밭에 온통 산딸나무 나비들이 날아다닐지도 모르니까.

허공이 꽃을 달아주는 산딸나무

길가메시(Gilgamesh)는 기원전 2600년께 살았을 것으로 보이는, 고대 메소포타미아 수메르 문명의 초기에 등장한 우루크 왕조의 전설적인 왕이다. 그 신화에 따르면 길가메시는 저승으로 떠나는 친구 엔키두에게 "산딸나무 막대기를 손에 들지 마라. 정령들이 네게서 모욕당하고 있다고 느낄 것이다"고 충고한다. 저승의 정령들은 왜 산딸나무를 싫어할까?

서양에서 산딸나무는 예수가 매달린 십자가로 쓰였다고 잘못 알려진 억울한 나무다. 산딸나무는 줄기가 길고 가늘어 사람을 매달 만큼 큰 십자가를 만들기에 적합하지 않은데다, 무덥고 건조한 히브리 지방에는 아예 자라지도 않는다. 예수의 십자가는 올리브 나무로 만든 것으로 알려져 있다.

산딸나무는 열매가 산딸기처럼 생겼다. 그래서 산딸나무다. 열매는 산딸기보다 조금 크고 못생겼으며 맛이나 향도 덤덤한 편이다. 영어로는 'dogwood'라 한다. 산딸나무는 층층나무과로 산딸기나무(장미과의 나무)나 딸기(장미과의 풀)와는 전혀 관계가 없다.

오뉴월에 피는 하얀 꽃은 한쪽이 갸름한 타원이 둥근 쪽을 마주 보고 십자 모양을 이룬다. 짙푸른 이파리 위에 마치 수백 송이의 하얀 십자가를 매달아놓은 것 같기도 하고, 멀리서 보면 하얀 나비가 무리지어 앉아 있는 것처럼 보이기도 한다.

나무의 속살도 보는 사람을 놀라게 한다. 눈부시게 하얀 꽃잎 못지않게 희고 깨끗하기 때문이다. 십자 모양의 하얀 꽃과 해맑고 깨끗한 나뭇결을 보면 감히 성스러운 십자가의 이미지와 연관짓는 게 그리 불경스럽지 않을 듯싶다.

꽃잎은 희다 못해 눈이 부실 지경이다. 이런 흰색은 도대체 어떻게 만들어내는 것일까? 흰 꽃을 피우는 식물 가운데 그 누구도 흉내낼 수 없는 순수한 아름다움을 자랑한다. 수녀의 하얀 두건처럼 성스러운 느낌이 들 정도다. 이건 꽃이 아니다. 이런 꽃이 있을 수가 없다. 아마 그래서 길가메시의 서사시에 나오는 저승의 정령들이 싫어할 것이다.

사실, 꽃처럼 보이는 흰 것은 꽃이 아니다. 꽃 아래 달려 있는 꽃받침(萼)으로, 잎이 변해 생긴 것이다. 흰 꽃받침 속에 황록색의 작은 돌기처럼 엉성하게 여럿 달려 있는 것이 진짜 꽃이다. 꽃받침이 꽃잎으로 보이고, 꽃은 가운데 모여 있는 수술처럼 보인다. 정작 꽃이라고 하기엔 좀스럽고 부끄러운 모습이다.

산딸나무는 숲 속에서 다른 나무와 섞여 자란다. 온갖 나무와 풀이 녹음을 겨루는 숲 속에 몸을 감추고 있던 산딸나무는 초여름 어느 날 갑자기 새하얀 꽃을 층층이 피워 그 존재를 드러낸다. 누가 이렇게 청초한 꽃을 피우는 것일까? 숲 속에 있는, 어떤 '보이지 않는 손'이 몰래 꽃을 만들어 두었다가 때가 되면 한꺼번에 다는 것은 아닐까?

꽃받침은 좀스러운 꽃을 위해 스스로 변신하여 꽃처럼 보이게 만들었다. 가루받이가 끝나면 꽃받침은 바로 누렇게 시들어 떨어져버리고, 주변을 장식하던 향기도 갑자기 걷어버린다. 치열한 생존경쟁의 숲 한가운데서 기나긴 세월 동안 보잘것없는 꽃을 위해 봉사한 결과, 어느 꽃보다 당당하고 훌륭한 꽃처럼 변신한 것이다.

그러기에 안도현 시인은 〈산딸나무, 꽃 핀 아침〉에서 산딸나무는 때가 되면 나무에 꽃이 피는 것이 아니라, "허공이 꽃을 품고" 있다가 "때가 되어야 허공이 나무에다 꽃을 매달아주는 것이다"고 설명했다. 산딸나무를 보면 꽃보다 더 아름다운 잎의 승리에 탄복하게 된다.

쥐똥나무

학명	*Ligustrum obtusifolium S. et Z.*
분류	쌍떡잎식물 용담목 물푸레나무과의 잎지는 중간키나무
분포지	한국, 중국, 일본
다른 이름	검정알나무, 백당나무, 싸리버들
꽃말	강인한 마음

사촌동생과 과천 서울대공원에 있는 동물원에 놀러 갔다. 여러 동물을 구경하는데 우연히 코끼리가 커다란 똥을 싸는 걸 봤다. 냄새도 심해 시각과 후각이 충격을 받아 똥이라는 단어만 들어도 짜증이 솟구쳤다. 다른 동물을 둘러보다가 울타리에 있는 나무 푯말을 봤는데 그 나무의 이름은 '쥐똥나무'였다. 주위에 쥐똥이 있는 것 같아 괜히 신경이 곤두섰다. 여러모로 똥 때문에 고생한 하루였다.

쥐똥나무는 검은 열매가 작고 동그란 쥐똥과 닮은 데서 유래했다. 북한에선 검정알나무라고 부르고 미국에선 Ibota Privet이라고 한다. 학명에서 *Ligustrum*은 라틴어로 '묶다'라는 뜻의 'Ligare'에서 유래했는데 쥐똥나무의 가지가 물건을 묶는 데 사용했기 때문이다. *obtusifolium*은 '뭉툭한 잎'이란 뜻이다.

🌿 내가 관찰한 나무의 모습

타원형 잎은 새끼손가락만한 푸른 스노보드같이 생겼다. 꽃은 5~6월에 가지 끝에 달린 하얀 트럼펫처럼 핀다. 쥐똥나무란 이름만 봐도 냄새가

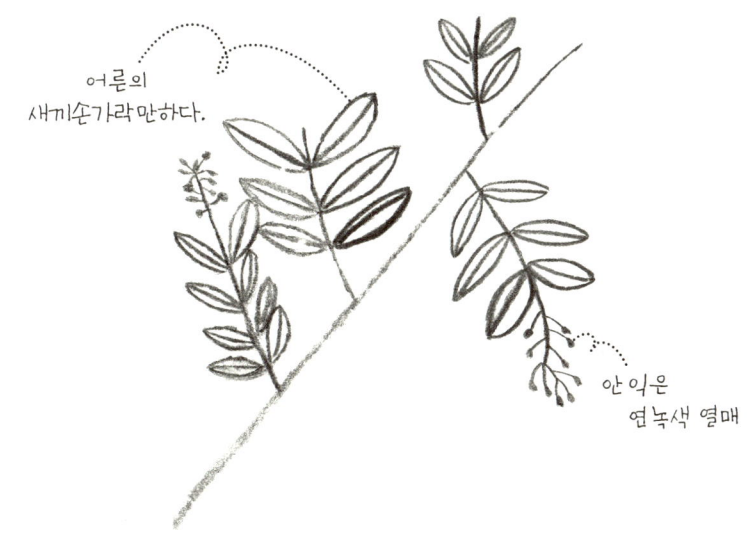

어른의
새끼손가락만하다.

안 익은
연녹색 열매

지독할 것 같지만 직접 맡아보면 매우 향기롭다. 작은 콩알만한 열매는 여러 개씩 달리는데 10월에 검게 익는다.

   생명력이 질기고 아무 곳에서나 잘 자라 주로 생울타리로 심는다. 생울타리라 키가 작은 줄 아는데 가지치기 하지 않는다면 실제로 사람보다 조금 크다.

🌿 내가 조사한 나무에 얽힌 이야기

옛날 중국에 한 부부가 있었는데, 남편이 전쟁터에 나가게 되었다. 어느 날 남편이 전사했다는 소식을 들은 아내는 쥐똥나무를 자신의 무덤 앞에 심어달라고 부탁하고 자살하였다. 몇 년 뒤에 만신창이가 되어 돌아온 남편은, 아내의 무덤을 보고 울다가 배가 너무 고파 나무의 검은 열매를 먹었더니 몸에 있던 모든 병이 깨끗이 나았다고 한다.

🌿 나무를 보고 느낀 점

'개똥도 약에 쓰려면 없다' 라는 말이 있다. 구하기 쉬운 물건도 막상 필요할 땐 찾기 힘들다는 뜻이다. 옛날엔 개똥을 쉽게 볼 수 있어 속담에 개똥이 들어갔는데 만약 쥐똥이 많았다면 '쥐똥도 약에 쓰려면 없다' 라고 했을 것이다. 쥐똥처럼 생긴 쥐똥나무의 열매는 효능이 좋아 몸이 건강해지게 도와준다. 언제 필요할지 몰라서 그런지 사람들이 집 근처에 쥐똥나무를 많이 심었다.

쥐똥마저 향기롭게 만드는 쥐똥나무

『바람과 함께 사라지다』에서 스칼렛은 남북전쟁 때문에 고향을 떠난 애슐리가 부인 멜라니의 설득에 못 이겨 결국 애틀란타로 돌아오겠다고 했을 때 내심 반가워한다. 짝사랑하는 애슐리가 세든 벽돌집은 스칼렛의 집과 뜰을 곁에 끼고 있다. 두 집을 구분짓는 경계는 빽빽한 쥐똥나무 울타리뿐이다.

쥐똥나무는 짙은 초록 이파리가 작고 갸름하여 친근한 느낌이 든다. 가지는 가늘고 빽빽하게 자라며, 여기저기 잘라도 끊임없이 싹을 내밀기 때문에 모양을 다듬기 쉽다. 또 생명력이 강해 어디서나 잘 자라서, 모아 심은 그대로 나지막한 나무 울타리가 된다.

무리 지어 가늘고 긴 가지를 무성하게 뽑아내는 모습이 개나리를 닮았다. 이른 봄에 잎보다 꽃을 먼저 피워 봄을 선점하는 개나리의 기민한 전략 앞에 쥐똥나무는 속수무책이다. 흐드러지는 봄의 꽃잔치에, 이파리도 제대로 갖추지 못한 채 초대받지 못한 손님처럼 멀뚱거린다.

늦잠을 좋아하는 탓이다. 쥐똥나무꽃은 느지막이 일어나 한껏 게으른 기지개를 켠다. 한적한 늦은 봄, 잉잉대는 꿀벌이 부는 나팔일까? 앙증맞게 작은 백합처럼 생긴 우윳빛 꽃이 총총이 모여 초록 이파리 위에서 햇볕을 즐기고 있다. 꿀벌은 어느 나팔에서 멋진 소리가 나는지 하나하나 불어보는 것일까? 어느 꽃에서 가장 달콤한 향기가 나는지 하나하나 맡아보는 것일까?

향기에도 색깔이 있을까? 쥐똥나무꽃은 강한 우윳빛 향기를 풍기는 것 같다. 굳이 코를 꽃송이에 대고 냄새를 맡을 필요도 없다. 그저 스쳐

지나가기만 해도 어디서 향기가 나는지 두리번거리게 만든다. 봄의 여신이 달콤한 봄의 연유(煉乳)를 흘린 걸까? 쥐똥나무는 봄의 축제에 우윳빛 향기로 자신의 참석을 알린다.

『보바리 부인』엠마가 연인 레옹과 산책하던 산길에 향기로운 쥐똥나무가 줄지어 자랐고, 『채털리 부인의 사랑』에서 채털리 부인 코니가 살던 낭만적인 농장에도 쥐똥나무가 무성했다. 『아들과 연인』을 질투한 모렐 부인도 아담한 쥐똥나무로 둘러싸인 예쁜 집에 살았다.

꽃이 지면 향기도 사라지는가? 향기가 흩어지면 추억도 잊혀지는가? 여름의 더운 콧김이 가까웠다 느끼는 순간, 쥐똥나무는 초록 이파리 위에 펼쳐놓았던 꽃들을 순식간에 걷어버린다. 스칼렛도 그랬고, 엠마도 그랬고, 코니도 그랬다.

꽃이 사라진 자리에는 아픔이 남는다. 앙증맞게 돋은 연둣빛 아픔은 조금씩 부풀어 올라 땡볕이 내리쬐는 한여름의 따가운 현실을 직면한다. 결코 잊을 수 없을 것 같던, 아니 영원히 잊어버리고 싶었던 그 아픔은 가을이 되면 헛간의 쥐똥처럼 까맣게 동글동글 익어간다. 지나간 봄 향기의 추억이 아름다워서 그럴까, 따가운 여름의 고통이 소중해서 그럴까? 이젠 쥐똥마저 아름다워 보인다.

박건호 시인은 〈쥐똥나무꽃을 보면서〉 "쥐똥이/ 꽃의 이름을 달자/ 이렇게 화사한 줄 처음 알았습니다"고 탄복하고, 김여정 시인은 "쥐똥나무의 머리푼 사연을" 알지도 못하면서 쥐똥나무를 누가 "쥐똥나무라 불렀는가"며 개탄한다.

김종태 시인은 예쁜 수녀님처럼 쥐똥나무를 타이른다. "예쁜 꽃이나 잎사귀는 제껴두고/ 까맣고 동그란 열매 하나 가지고/ 네 모든 것을 대신 부르냐고 따지겠지만/ 이름은 너를 기억하기 위한 것이란다/ … (중략) … / 쥐똥 때문에 네가 구겨지는 것이 아니라/ 네 이름 때문에 쥐똥이 향기로와지는 거란다."

등나무

학명	*Wistaria floribunda DC.*
분류	쌍떡잎식물 이판화군 장미목 콩과의 잎지는 덩굴나무
분포지	한국, 일본
다른 이름	등, 참등
꽃말	사랑에 취함, 환영

산에서 내려와 쉼터에 앉아 쉬다가 천장에 달린 포도같이 생긴 꽃을 봤다. 여기저기 대롱대롱 달린 모습이 신기해 계속 바라보게 만든 나무는 아마 처음일 것이다. 일어나 자리를 뜨려고 하자 달콤한 향수처럼 좋은 냄새가 나서 계속 있고 싶었다.

여름에 햇볕을 피해 그늘에서 쉬기 위해 심는 덩굴나무이다. 원래 이름은 '참등'이다. 영어로는 Japanese wisteria라고 부른다. 학명에 있는 플로리분다(floribunda)는 '꽃이 많다'라는 뜻이다.

🌿 내가 관찰한 나무의 모습

등나무는 덩굴이 사방으로 휘어 감고 뻗어 짧은 시간에 크게 자란다. 포도처럼 아래로 매달려 5월에 피는 꽃은 주로 자주색이지만 흰색도 있다. 열매는 부드러운 털로 덮여 있는 콩깍지처럼 생겼고 9월에 익는다. 타원

줄기가 약간 질기다

형 잎은 앞뒤에 털이 있지만 자라면서 없어진다.

여름철에 시원한 그늘을 주는 정원수로 주로 심는다. 그 그늘에 앉으면 향기도 좋아 더운 여름엔 천국이 따로 없다. 봄철에 연약한 새순을 삶아서 나물로 무쳐 먹기도 한다. 튼튼한 줄기는 지팡이 재료로 좋다.

🌿 내가 조사한 나무에 얽힌 이야기

신라시대 경주 오류리에 두 처녀가 사이좋게 지냈다. 그들은 한 총각을 사랑했는데 전쟁터에서 죽었다는 소식에 슬픈 나머지 연못에 몸을 던졌다. 그 자리엔 등나무 두 그루가 자랐다. 전쟁이 끝나고 죽은 줄 알았던 총각이 돌아와 두 처녀에 대한 말을 듣고 그 연못에 몸을 던졌는데 그 자리에는 팽나무가 자랐다. 등나무 두 그루는 팽나무를 감고 올라가며 지금도 잘 자란다고 한다.

🌿 나무를 보고 느낀 점

덩굴나무인 칡과 등나무는 다른 나무의 등걸을 타고 올라가 자기만의 공간을 차지한다. 갈(葛)은 칡이고, 등(藤)은 등나무인데 둘이 만나면 갈등이 된다. 칡은 왼쪽으로 감고 등나무는 오른쪽으로 감으며 자라기 때문이다. 세상을 살다 보면 항상 갈등이 생기기 마련이다. 상대방과 의견이 다를 때 칡과 등나무처럼 서로 엉켜 대립할 수 있는데, 상대방을 알려는 노력도 가끔 해볼 필요가 있다.

외로움에 온몸이 꼬여버린 등나무

제갈량(諸葛亮)은 지금 베트남 지역인 남만(南蠻)을 정벌하면서 남만의 왕 맹획(孟獲)을 여섯 번 사로잡았다가 지역 정서를 고려하여 도로 풀어주었다. 그래도 맹획은 굴하지 않고 동맹 오과국(烏戈國)에서 등갑군(藤甲軍) 3만 명을 얻어 일곱 번째 권토중래(捲土重來)를 시도했다.

등갑(藤甲)은 등나무 덩굴을 기름에 절였다가 햇볕에 말리는 작업을 수십 번 거듭하여 만든 갑옷이다. 등갑을 입으면 칼과 화살도 뚫을 수 없고 강을 건너도 가라앉지 않는 천하무적의 전사가 된다. 그런데 제갈량은 불화살과 횃불로 등갑군을 간단하게 제압하여 맹획을 일곱 번째 사로잡았다. 『삼국지』의 고사성어 칠종칠금(七縱七擒)은 이렇게 탄생했다.

등은 줄기에서 내민 기다란 가지로 주변을 더듬어 높은 나무를 칭칭 감고 올라가는 덩굴나무다. 같은 덩굴나무인 칡처럼 등도 덩굴이 가볍고 질겨서 잘 끊어지지 않는다. 칡(葛)은 왼쪽으로 감고 등(藤)은 오른쪽으로 감는다. 이처럼 질기면서도 감는 방법이 다른 것들이 서로 엉켜 풀기 어려운 상황을 '갈등'(葛藤)이라 한다.

화투(花鬪)에서 4월의 패 '흑싸리'라는 식물은 없다. '흑싸리'는 다름 아닌 등나무를 가리킨다. 일본에서는 음력 3월에 벚꽃 축제를 벌이듯, 음력 4월에는 등꽃 축제를 즐긴다. 따라서 흑싸리 패는 등잎이 아래로 매달린 방향으로 잡아야 옳다.

경북 월성에는 신라시대에 남몰래 연모하던 화랑이 전쟁에 나가 죽었다는 잘못된 소식을 들은 한 자매가 서로 부둥켜 안고 울다가 죽은 자리에 등나무 두 그루가 돋아 하나처럼 얽혀 자랐다는 전설이 있다. 등나무의 꿈틀거리는 몸짓이 느껴지는 안타까운 전설이다.

기둥이 없는 허공은 공허하다. 기둥을 덮은 지붕 위에서, 등은 붙잡을 것 하나 없는 허공을 향한 손짓이 공허하다는 사실을 금방 깨닫고 서로를 부축하며 사방을 탐색한다. 공원 쉼터에 시원한 그늘을 만들어놓고 바람에 살랑거리는 손짓으로 우리를 부르는 것이다.

햇살이 나른한 5월, 등나무 그늘 아래 들어가면 작고 환한 연보랏빛 꽃송이들이 모여 포도송이처럼 주렁주렁 매달려 있다. 그늘을 밝히는 초롱일까? 은은하고 달콤한 향기까지 풍기는 꽃그늘 아래 앉으면 그 잎새만큼이나 많은 이야기를 나누게 된다.

등나무 꽃그늘은 뭇 시인의 연정을 꿈틀거리게 만들었다. 남유정 시인은 "그 사람과 마주 앉은/ 등나무 그늘 속에 바람이 좋"았고, 이명희 시인은 "바람의 지휘봉에 꽃송이 연주하는/ 사랑의 노래를" 들으며, 김연옥 시인은 "5월의 등꽃 시렁 아래 앉"아 "그리움과 그리움이 포개져/ 쉼표 없는 악보처럼 오른쪽으로/ 자꾸 감겨 올라가"는 걸 본다.

허공을 향한 연정은 꿈틀거리는 고통일 수밖에 없다. 안도현 시인은 "길이 없다면/ 내 몸을 비틀어/ 너에게로 가리/ … (중략) … / 네 마음의 처마끝에 닿을 때까지/ 아아, 그리하여 너를 꽃피울 때까지/ 내 삶이 꼬이고 또 꼬여/ 오장육부가 뒤틀"리는 고통도 마다하지 않는다.

한적한 꽃그늘을 만들기까지 등나무는 얼마나 고통스러웠을까? 김사랑 시인처럼 "오월 한 철 수만 개의 꽃이 피어 나기 위해/ 외로움에 온몸이 꼬여버린" 등나무에게서 "고독한 세월을 지고 있느라/ 등허리가 구부러져 봐야 하는 법"을 배우고 "알면서도 모르는체 넘기는 일이/ 터진 나무의 껍질처럼/ 감추려고 해도 남은 흉터같"다는 사실을 새삼 깨닫는다.

모과나무

학명	*Chaenomeles sinensis* Koehne
분류	쌍떡잎식물 장미목 장미과의 잎지는 큰키나무
분포지	한국, 중국
다른 이름	모개나무, 성호과(聖護果)
꽃말	정열, 평범

늦은 저녁, 회사에서 돌아오신 아버지가 처음 보는 열매를 보여주셨다. 노랗게 생겨 참외인 줄 알았지만 아버지는 모과라고 말씀하시며 버스정류장 뒤편에서 주웠다고 하셨다. 말로만 듣던 모과가 그렇게 못생긴 줄은 몰랐다. 근데 대체 왜 가져오신 걸까?

　잘 익은 열매가 마치 노란 참외 같아 '나무에 달리는 참외', 목과(木瓜)라고 부르다가 모과가 되었다. 울퉁불퉁 제멋대로 생겼다 하여 '모개'라고도 한다. 옛날 한 스님이 커다란 뱀 한 마리를 만나 무서워하는데 어디선가 모과 열매 한 개가 날아와 뱀의 머리를 맞추어 스님을 보호했다 하여 성호과(聖護果)라고도 불린다.

🌿 내가 관찰한 나무의 모습

매끄럽고 푸른빛을 띠는 갈색 줄기는 얼룩무늬로 뒤덮여 있다. 4~5월에 분홍꽃이 가지 끝에 한 송이씩 피는 것이 마치 낭떠러지에 있는 분홍 우산처럼 생겼다. 참외를 닮은 열매는 9월에 노랗게 익고 향기가 좋지만 향기와 다르게 떫은 맛이 강하다.

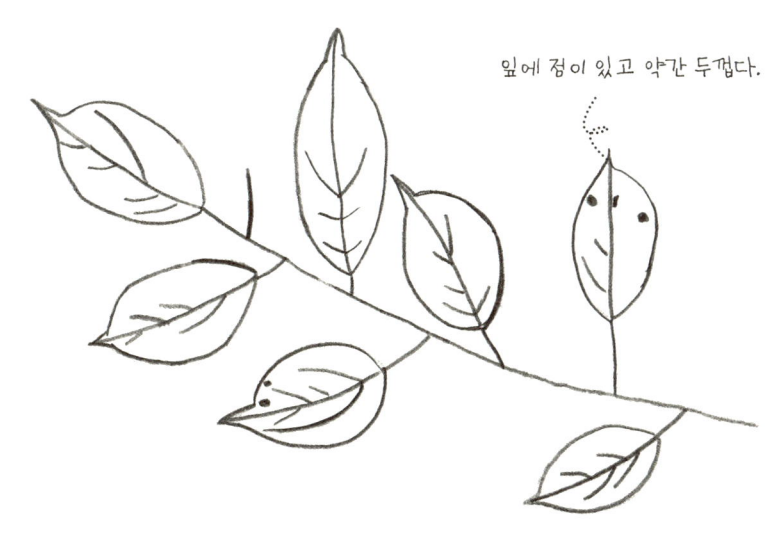

잎에 점이 있고 약간 두껍다.

모과는 기관지염에 특히 좋다. 우리가 가끔 먹는 목캔디는 모과로 만들었으며 목을 시원하게 해준다. 모과는 과육이 단단해 오랫동안 보관할 수 있고 모과만의 달콤한 향기가 나서 방향제 역할을 하기도 한다.

🌱 내가 조사한 나무에 얽힌 이야기

어떤 사람이 모과나무의 꽃이 너무 예뻐 자기 집 앞마당에 옮겨 심었는데, 어느 날 열린 못생긴 열매를 보고 깜짝 놀랐다. 못생겨서 베어내려다가 열매의 향을 맡았는데 그 달콤한 향기에 또 놀랐다. 그 사람은 모과를 한 입 물었는데 떫은 맛에 또 한 번 놀랐다고 한다. 그래서 모과나무 열매를 보면 모양에, 향기에, 맛에 세 번 놀란다는 말이 있다.

🌱 나무를 보고 느낀 점

모과는 못생기고 맛도 떫지만 향기만큼은 달콤하다. 비록 『지킬박사와 하이드』에 나오는 하이드처럼 못생기고 성격도 나쁘지만, 악마의 속삭임처럼 달콤한 향기로 남을 유혹할 수 있는 매력을 가진 사람들이 있다. 모과 향기처럼 달콤한 것으로 사람들을 끌어당길 수 있는 것도 매력 아닐까?

첫사랑의 향기로 애태우는 모과나무

"놀부 심사를 볼작시면 초상난 데 춤추기, 불붙는 데 부채질하기 … (중략) … 호박에 말뚝 박기, 곱사장이 엎어놓고 발꿈치로 탕탕치기, 심사가 모과나무의 아들이라." 판소리 〈흥보가〉에 나오는 구절이다. 모과나무의 아들 모과는 왜 그리 미움을 받았을까?

'나무에 달린 참외'라는 뜻의 '목과'(木瓜)가 변한 모과는 못생긴 과일을 뽑는다면 아마 으뜸으로 뽑힐 것이다. 울퉁불퉁한 것이 어느 한 군데 예쁜 구석이 없기 때문이다. 그래서 '어물전 망신은 꼴뚜기가 시키고 과일전 망신은 모과가 시킨다'고 했던가?

노랗게 익은 모과를 처음 보면 세 번 놀란다고 한다. 못생긴 모습에 놀라고, 진한 향기에 또 놀라고, 쓴 맛에 다시 놀란다. 어디 열매뿐이랴? 나무도 알면 알수록 놀랍다. 모과나무는 심은 사람이 죽어야 열매를 맺는다는 속설 때문에 늙은이를 시켜 심었다. 씨를 심으면 20년쯤 지나야 모과를 볼 수 있기 때문이다. 미련하고 느려터진 탓에 오히려 듬직하다.

언제 꽃이 있었던가 싶을 정도다. 5월에 잎 뒤에 숨어 피는 연붉은 꽃은 발그레한 소녀처럼 수줍어한다. 남몰래 연정을 품었을까? 아무도 모르게 살짝 피었다가 부끄러워 금방 지고 만다. 도종환 시인은 〈모과꽃〉이 "꽃은 피는데/ 눈에 뜨일 듯 말 듯/ 벌은 가끔 오는 데/ 향기 나는 듯 마는 듯" 하다고 했다.

그 〈모과꽃〉은 "빛깔로 드러내고자/ 애쓰는 꽃 아니라/ 조금씩 지워지는" 꽃이다. 아마 지지리도 못생긴 아들(열매) 때문일 것이다. 안도현 시인은 그 애절한 사랑에 탄복했다. "모과나무는 한사코 서서 비를 맞는다/… (중략) …/ 그가 가늘디가는 가지 끝으로/ 푸른 모과 몇 개를 움켜쥐고 있는 것을 보았다/ 끝까지, 바로 그것, 그 푸른 것만 아니었다면/ 그도 벌써 처마 밑으로 뛰어 들어왔을 것이다."

아들놈은 어찌 그리 못생겼을까? 임영조 시인은 "그 무덥고 긴 여름날엔 또/ 내 꿈의 열매를 주렁주렁 매달고/ 제법 근사한 이야기만 채우는가 싶더니/… (중략) …/ 모두들 가꾼 대로 거두는 이 가을에/ 남세스런 몰골로 내게 오다니/ 나 정말 환장하겠네"며 한탄한다.

그래도 유안진 시인은 "울퉁불퉁 모개야 아무따나 크그라" 하며 예뻐하시던 "어머니와 어머니의 어머니가 즐겨 부른 옛 동요"를 기억한다. 정승혜 시인은 "해님하고/ 가위바위보/ 바람하고/ 가위바위보/ 해도/ 언제나/ 보자기만 내놓던/ 모과나무/ 얼마 전부터/ 주먹 쑥 내밀었다/ 나뭇가지마다/ 주렁주렁 매단/ 초록색 주먹들"이 대견스러웠다.

"심사가 모과나무의 아들"처럼 뒤틀렸던 놀부가 갑자기 부자가 된 흥부를 다그쳐 장롱을 빼앗는 〈화초장 타령〉을 보자. "화초장 화초장 화초장 하나를 얻었다/ 또랑을 건너 뛰다 아차! 내가 잊었다/ 초장 초장 아니다. 방장 천장 아니다/ 고초장 된장 아니다 송장 구들장 아니다/ 장하초 초장화 아이고 이것이 무엇이냐/ 갑갑허여서 내가 못살것다."

놀부가 탐낸 화초장은 모과나무로 만든 것이다. '화초목'이라 불렸던 모과나무는 줄기가 갈색과 보라색이 어우러져 무늬가 곱고 미끈하며 윤기가 나 고급 장롱을 짜는 데 사용했다. 또 성질이 매우 단단하기 때문에 긴 칼의 자루나 칼집을 만들기도 했다.

못생긴 향기가 어찌 그리 진할까? 첫사랑 때문이다. 서안나 시인의 말대로 "먹지는 못하고 바라만 보다가/ 바라만 보며 향기만 맡다/ 충치처럼 꺼멓게 썩어 버리는/ 그런 첫사랑" 때문이다. 누구에게나 첫사랑의 향기는 못난 자신에 애태우며 그렇게 안타깝도록 진하게 썩어가는 법인가 보다.

모감주나무

학명	*Koelreuteria paniculata Laxm.*
분류	쌍떡잎식물 무환자나무목 무환자나무과의 잎지는 중간키나무
분포지	한국, 일본, 중국
다른 이름	염주나무, 목란수, 황금비나무
꽃말	자유로운 마음, 기다림

가족과 낚시를 하러 충청남도 태안에 가려고 서해안 고속도로를 달리다가 길가에 황금색 꽃들이 피어난 나무들이 줄줄이 있는 걸 봤다. 바람이 불자 대낮에 노란 반딧불이 무리가 춤추듯이 날아다니는 것 같았다. 차가 그 나무들을 지나치자 고개를 돌려 꽃을 끝까지 보려고 했지만 고속도로인지라 제대로 보지 못해 아쉬웠다.

모감나무의 이름은 닳거나 소모되어 줄어든다는 뜻의 모감(耗減)에서 유래되었다. 열매 안의 씨앗으로 염주를 만들기 위해 절 주변에 많이 심어 염주나무라고도 불린다. 또 노란색 꽃이 하나하나 떨어지는 모습이 황금색 비가 내리는 것 같다 하여 Golden Rain Tree라고도 한다.

내가 관찰한 나무의 모습

잎은 한 가지에 갈래가 많은 창들이 붙은 것 같다. 안쪽에 피가 묻은 것처럼 붉은 점이 있는 황금색 꽃은 6~7월에 핀다. 연푸른 열매는 10월에 점

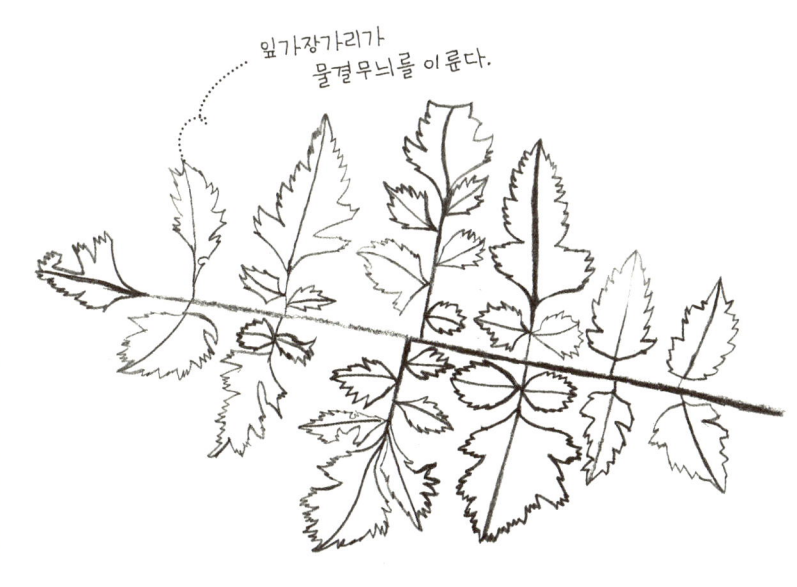

잎가장가리가 물결무늬를 이룬다.

점 붉게 익어 입구가 세 갈래로 갈라진 뒤 세 개의 검은 씨앗을 뱉는다. 마치 붉은 삼각뿔에서 동그란 초콜릿이 나오는 것 같다.

    열매는 조약돌처럼 단단하여 염주를 만들 때 주로 사용한다. 잎과 꽃은 염료로도 사용된다. 바닷바람에 강해 방풍림으로 사용하거나 노란색 꽃차례가 아름다워 관상용으로도 심는다.

🌿 내가 조사한 나무에 얽힌 이야기

충청남도 태안 안면도에 자라는 모감주나무 군락의 유래는 두 가지로 추측된다. 하나는 중국 모감주나무의 씨앗이 해풍과 해류에 밀려온 것들이 모여서 군락을 이룬 것으로 보인다. 다른 하나는 모감주나무가 동해에서도 발견되어 우리나라에서 원래 자생했다고 짐작된다.

🌿 나무를 보고 느낀 점

모감주나무는 황금색 꽃을 피우기 위해 피나는 노력을 했나 보다. 꽃잎 안쪽에 묻은 피와 열매의 속이 까만 걸 보니 아름다운 꽃을 피우기 위해 애가 많이 탔나 보다. 성공이란 1등이나 최고의 경지에 도달한다는 결과보다 흑연이 다이아몬드로 변하는 것처럼 그 과정이 더 중요하다.

왕관을 버리고 승복을 입는 모감주나무

스님의 염주에도 등급이 있다. 『섭진실경』(攝眞實經)을 보면 염주의 재료에 따라 복을 받는 차원이 다르다. 열대 향나무(香木)로 만들면 1배, 돌이나 쇠로 만들면 2배, 수정이나 진주로 만들면 1천만 배, 연화자나 금강자로 만들면 2천만 배, 보리수로 만들면 무량한 복덕을 얻는다고 한다. 연화자(蓮花子)는 연꽃의 열매, 금강자(金剛子)는 모감주나무의 열매다.

모감주나무가 어떻게 불교를 상징하는 연꽃과 같은 등급으로 대접받는 걸까? 나무의 곳곳을 가만히 살펴보면 석가모니인 고타마 싯다르타의 생애를 그대로 엿볼 수 있다. 모감주나무는 불교에 귀의한 스님들의 꿈이 꽃처럼 화려하게 피어났다가 열매처럼 단단하게 익어가는 나무다.

일단, 품새부터 다르다. 단아하게 가지를 뻗는 골격부터 귀족적이다. 아름드리 우람한 근육을 자랑하지도 않고, 빈약한 가지를 흔들며 청승을 떨지도 않는다. 하늘 높은 줄 모르고 자라 오만하지도 않고, 땅에 낮게 엎드려 비굴하지도 않다. 모감주나무는 자긍과 겸손을 겸비한 나무다.

잎은 가장자리의 톱니가 들쭉날쭉하여 범상치 않은 느낌을 준다. 그 빛깔도 짙어서 여름의 초록 가운데 군계일학(群鷄一鶴)처럼 눈에 잘 띈다. 무성한 초록 이파리를 뚫고 솟아오른 노란 꽃이 황금처럼 빛난다면, 가을에 드는 단풍은 홍옥(紅玉, ruby)이나 황옥(黃玉, topaz)처럼 화려하다. 그렇다. 싯다르타는 샤키야(釋迦) 족의 왕자였다.

세속적인 봄의 화려한 꽃잔치가 끝나고 녹음이 짙어지는 초여름에 모감주나무는 기다란 꽃대를 세워 진노랑꽃을 피워 올린다. 황금 깃털일까, 신라 왕관의 꽃장식 같다. 노란 꽃이 황홀하게 떨어지는 모습을 보고 영어로는 '황금비나무'(Golden Rain Tree)라 불렀다. 장마비에 우수수 떨어진 꽃자국을 보면 왕관을 버린 싯다르타의 처연한 모습이 떠오른다.

출가한 왕자의 옷차림이 그랬을까? 꽃이 사라진 자리에 꽈리 같은 연초록 열매주머니가 살며시 부풀어 오른다. 소박한 승복 차림에 삼각 초롱을 든 것 같다. 초롱 속에는 반질반질하고 콩알만한 씨앗이 서넛 모여 동자승처럼 해맑게 웃고 있다.

속세의 번뇌는 한여름 폭염처럼 뜨거웠다. 매미 울음처럼 길고 치열하던 하안거(夏安居)의 인생이 찰나처럼 지나갔다. 찬바람이 불면 남루한 승복처럼 빛바랜 열매주머니가 임종을 앞둔 노년의 육신처럼 초라하게 바스라든다. 해탈(解脫)에 이르려면 저토록 처절하게 스스로를 버려야 하는 것일까?

밤새 앙상한 가지들이 미친 듯 울고 찬 눈이 세상을 덮어 모든 것이 적멸(寂滅)한 열반(涅槃)의 아침, 모감주나무는 흑진주처럼 새까만 사리(舍利)를 하얀 눈 위에 떨어뜨린다. 금강자다. 불가(佛家)에서 깨달은 지덕이 곧고 단단하여 모든 번뇌를 깨뜨릴수 있다는 금강(金剛)의 열매다.

모감주나무 열매는 한여름 동안 작열하는 태양 아래서 엄청난 수양을 닦아서 그런지 매우 단단하다. 둥글고 야물며 만질수록 반질반질해지기 때문에 큰스님들의 염주로 귀여움을 받았다. 금강석처럼 단단하다는 이 열매를 손가락 사이에서 닳아 없어지도록 굴리면서 불경을 외라는 뜻일까? '소모할 耗'와 '줄 減'를 붙여 만든 모감주(耗減珠)라는 역설적인 이름 앞에서 감히 속세의 번뇌를 불평하지 못하게 된다.

버드나무

학명	*Salix koreensis Andersson*
분류	쌍떡잎식물 버드나무목 버드나무과의 잎지는 큰키나무
분포지	한국, 일본, 중국
다른 이름	버들, 뚝버들, 버들나무
꽃말	노력, 태평세월, 자유

집에서 책상 앞에만 앉아 있으니 갑갑해 바람을 쐬러 분당 탄천에 나갔다. 갑자기 가로등 불이 꺼져 제자리에서 어슬렁거리는데 건너편에 처녀귀신의 머리카락 같은 것이 휘날리고 있었다. 순간 정말 무서웠지만 곧 바람에 흔들리는 버드나무인 걸 알고 안도의 한숨을 내쉬었다. 그것보다 더 무서웠던 것은 내 뒤를 살금살금 따라와 깜짝 놀라게 만든 동생이었다.

'버들'은 실바람에도 흐느적거려 몸을 버들버들 떠는 모양에서 유래했다. 학명 살릭스(*Salix*)는 켈트어로 가깝다는 뜻의 '살'(sal)과 물을 뜻하는 '리스'(lis)의 합성어다. 그래서 연못이나 호수 주변에 많이 자라고 수향목(水鄕木)이라는 별명도 있다.

🌿 내가 관찰한 나무의 모습

잎은 깃털처럼 길고 가늘며 가장자리에 안으로 굽은 톱니가 여러 개 있다. 잎보다 먼저 피는 꽃은 4월에 노란색에서 자주색으로 차차 변하며 허리 굽은 할머니처럼 밑으로 휘어 핀다. 열매는 4~5월에 익어 둘로 갈라진

잎이 길고 얇고 연하다.

뒤 흰 솜털 같은 씨앗이 민들레 씨처럼 바람에 날려 흩어진다.

🌿 내가 조사한 나무에 얽힌 이야기
버드나무는 한국 역사에 자주 등장한다. 신라의 김유신이 말을 타고 가다 목이 말라 우물가에서 한 여자에게 물을 달라고 청했다. 그녀는 급하게 마시다 체할까봐 바가지에 물을 뜨고 버들잎을 위에 띄워주었다. 김유신은 그 여자의 깊은 배려에 감동해 나중에 결혼을 하게 된다. 버들잎을 바가지 물 위에 띄워주는 이야기는 고려를 세운 왕건에게도 있다.

🌿 나무를 보고 느낀 점
버드나무의 가지는 다른 나무와 달리 가볍고 유연하다. 거센 바람이 불면 굵고 단단한 나무의 가지는 쉽게 부러진다. 하지만 연약해 보이는 버드나무 가지는 아무리 거센 바람이 불어도 가볍고 유연해 잘 부러지지 않는다. 아기돼지 삼형제 이야기에서 늑대가 입으로 바람을 불어도 쓰러지지 않는 집을 지으려면 버드나무를 쓰는 게 어떨까.

버들치를 쫓다가 버들피리를 부는 버드나무

"녹음방초(綠陰芳草) 우거져 금잔디 좌르륵 깔린 곳에 황금 같은 꾀꼬리는 쌍거쌍래(雙去雙來) 날아들 때 무성한 버들 백척장고(百尺丈高) 높이 매고 추천(鞦韆)을 하려할 때." 판소리 〈열녀춘향수절가〉에서 단오날에 춘향이 그네를 타려는 장면이다. 멀리 광한루가 보이는 곳에서 춘향이 치맛자락을 펄럭이며 그네를 뛴 나무는 버드나무였다.

버드나무는 물을 좋아한다. 그래서 냇가나 연못에서 쉽게 볼 수 있다. 잔뿌리가 물을 깨끗하게 만든다고 해서 우물가에도 즐겨 심었다. 전래동화 〈해와 달이 된 오누이〉에서 어머니를 잡아먹은 호랑이에게 쫓기던 오누이는 우물가에 있던 커다란 버드나무 위로 올라갔다.

버들잎이 시냇물에 떨어져 물고기가 됐을까? 냇가에 휘휘 늘어진 버드나무 그늘 아래 가보면 버들붕어, 버들치, 버들개 같은 물고기들이 한가롭게 노닌다. 쇠꼴을 먹이던 아이들은 버들강아지(갯버들) 아래에서 버들치를 쫓다가 버들가지를 꺾어 버들피리를 불었다.

나긋나긋한 가지가 가늘고 길어서일까? 버드나무의 긴 머리카락은 실바람에도 낭창낭창 잘 흔들린다. 아리땁고 늘씬한 '버들 아가씨'의 모습이다. 버들 아가씨는 길고 윤이 나는 머리카락(柳髮)에, 버들잎 같은 눈썹(柳葉眉)을 이고, 그 가지처럼 날씬한 허리(柳腰)를 가졌다. 뭇사내들은 그 애교어린 몸짓(柳態)에 가슴이 설렜다.

버들 아가씨가 도대체 왜 그랬을까? 왜 갑자기 화류계(花柳界)에 뛰어들어 노류장화(路柳牆花: '길가의 버들과 담 밑의 꽃'. 창녀나 기생을 이르는 말)가 됐을까? 나이가 들면 결국 패류잔화(敗柳殘花: '잎 떨어진 버드나무와 시든 꽃'처럼 아름다움을 잃은 미인이나 권세를 잃은 관리) 신세 아닌가?

버들 아가씨는 애틋했다. 기생 홍랑은 떠나는 최경창에게 그리움에 사무치는 시조를 보냈다. "묏버들 가려 꺾어 보내노라 님의 손에/ 자시는 창 밖에 심어 두고 보소서/ 밤비에 새 잎 곧 나거든 나인가 여기소서." 고경명은 기생의 치마폭에 이별의 시를 풀었다. "강가에 말을 세워 놓고 머뭇머뭇 헤어지지 못하여/ 버드나무 제일 높은 가지를 꺾어주네."

버들 아가씨는 영민했다. 제주도 설화 〈세경본풀이〉의 문 도령은 물론, 고려의 태조 왕건과 조선의 태조 이성계는 각각 자청비, 신혜왕후, 신덕왕후에게서 버들잎을 띄운 물을 받아 마셨다. 고구려를 세운 주몽을 낳은 유화부인(柳花夫人)을 비롯해서 동북아시아의 건국 설화에는 버들 아가씨가 자주 등장한다. 이른바 '버들 천모(天母)' 신화다.

버들 아가씨는 고통을 잘 다스렸다. 이순신은 말에서 떨어져 다리를 다치자, 버들가지로 다리를 싸매고 다시 말을 달렸다. 옛날 학질에 걸리면 버들잎을 환자의 나이만큼 따서 편지봉투에 넣고 '柳生員宅 入納'(유생원댁 입납)이라 써서 버리면 그 봉투를 줍거나 밟은 사람이 대신 앓아 병이 낫는다고 했다. 요즘 거의 만병통치약처럼 쓰이는 아스피린도 버드나무 껍질에서 추출한 것이다. 관세음보살 가운데, 중생의 병고를 덜어주는 양류관음(楊柳觀音)은 오른손에 버들가지를 들고 있다.

사실 버드나무는 별로 예쁘지 않다. 꽃이 아름답거나 잎이 고운 것도 아니고, 그렇다고 열매가 탐스러운 것도 아니다. 그저 가냘픈 가지에 갸름한 이파리를 몇 장 달고 휘휘 늘어져 바람에 흔들릴 뿐이다.

버드나무는 꺾어도 꺾어도 다시 자라고, 바로 심든 거꾸로 심든 반드시 싹을 틔운다. 우람한 가지를 부러뜨리고 둥지째 쓰러뜨리는 폭풍이 불어도 버드나무는 살아남는다. 옛말에 '버들가지가 장작을 묶는다'고 했다. 버드나무가 아름다운 것은 부드러움이 단단함을 이기는 그 강인한 생명력 때문이다.

포플러

학명	*Populus deltoids Marsh*
분류	쌍떡잎식물 버드나무목 버드나무과의 잎지는 큰키나무
분포지	한국, 북아메리카, 유럽
다른 이름	미루나무, 은백양, 양버들
꽃말	비탄, 애석, 용기

사촌동생과 말을 타러 용인 에버랜드 근처에 있는 승마장에 갔다. 사촌동생이 말 타는 걸 보고 있는데 뒤편 언덕에서 나뭇잎이 시원하게 떠는 소리가 들렸다. 바람에 잎이 쏴아아 떠는 소리가 듣기 좋았다. 승마장 아저씨께 나무 이름을 물어보자 포플러의 일종인 은수원사시나무라고 대답해 주셨다. 바람 조금 분다고 나뭇잎이 그렇게 심하게 떨 줄은 몰랐다.

  포플러는 약한 바람에도 잎이 잘 떠는 사시나무속(屬) 나무들을 말한다. *Populus*는 옛날부터 집집마다 심었기 때문에 라틴어로 인민, *deltoides*는 잎이 삼각형이란 뜻에서 유래했다. 사실 포플러는 특정한 나무를 말하는 것이 아니라 서양에서 들어온 버드나무로 해석되기도 한다. 특히 미루나무는 미국에서 들어온 버드나무라는 뜻인 미류(美柳)나무에서 미루나무가 되었다.

🌱 내가 관찰한 나무의 모습

잎은 둘레에 잔잔한 물결이 있는 삼각 하트처럼 생겼다. 포플러는 잎자루가 가늘고 길기 때문에 바람에 잘 떤다. 하얀 꽃은 3~4월에 무리 지어 잎

잎 모양이 삼각형 혹은 타원형이다.

보다 먼저 핀다. 푸른 열매는 5월에 누렇게 익고 하얀 솜사탕 같은 씨앗을 퍼뜨린다.

　포플러는 1970년대부터 우리나라 강변이나 밭둑 또는 촌락 부근의 풍경을 멋있게 만드는 나무로 심었다. 번식력이 좋고 그늘을 잘 만들어 가로수로도 많이 심었지만 최근에 눈병과 피부염을 일으킨다는 이유로 많이 심지 않는다. 목재는 가볍고 부드러워 주로 젓가락, 성냥개비, 상자, 가구를 만드는 데 사용된다.

🌿 내가 조사한 나무에 얽힌 이야기

그리스로마 신화에 나오는 태양신의 아들 '파에톤'이 태양마차를 몰다가 실수로 운전을 잘못해 세상이 멸망할 위기에 이르렀다. 결국 제우스는 어쩔 수 없이 벼락을 던져 파에톤을 죽였다. 파에톤의 누이들은 시신을 찾아 장례식을 치른 뒤 계속 슬퍼하다가 포플러로 변했다 한다.

🌿 나무를 보고 느낀 점

포플러는 조금만 바람이 불어도 쉽게 잎을 떤다. 대체 무엇이 두렵길래 계속 떠는 걸까? 혹시 아버지가 파에톤의 죽음을 알고 분노할까봐 떠는 것이 아닐까? 무서워서가 아니라 아버지의 마음을 진정시키려고 하트 모양 잎을 흔들며 애교를 떠는 것 같다. 지금도 계속 떠는 걸 보니 아버지의 분노가 아직도 가라앉지 않은 듯하다.

설레는 기억을 흔드는 포플러

아버지 헬리오스에게 빌린 태양마차를 제대로 몰지 못해 강과 바다를 마르게 하고 세상을 다 태울 듯이 피해를 입히던 파에톤은 결국 제우스가 던진 벼락에 맞아 강에 떨어져 죽었다. 다섯 누이는 그의 무덤 곁에서 넉 달 동안 애통하게 울다가 포플러로 변했다.

파에톤이 떨어져 죽은 곳은 강(江)의 신 에리다누스로, 오리온 자리 부근에서 그 별자리를 볼 수 있다. 이탈리아에서 가장 긴 포(Po) 강도 이 신화의 현장으로 알려져 있다. 그 강변에 무성한 포플러가 길게 늘어서 있는데, 바람이 불면 누이들의 슬픈 울음이 아직도 들려온다고 한다.

포플러(Poplar)는 이파리가 둥근 삼각형 모양인데, 잎자루가 잎보다 길고 가늘어 잘 흔들린다. 포플러가 없다면 바람의 존재를 알지 못할 정도다. 바람이 거의 없어도 흔들리며, 바람이 조금이라도 불 낯이면 사각사각 소리를 내기 시작한다. 수가 많고 시끄러운 대중을 뜻하는 라틴어 populus에 어원을 두고 있는 것도 이 때문이다.

이파리 뒷면이 흰 정도에 따라 크게 백양(白楊)나무와 흑양(黑楊)나무로 나뉜다. 백양나무로는 사시나무를, 흑양나무로는 양버들과 미루나무를 꼽을 수 있다. 사시나무는 잎을 많이 떨어 그야말로 '사시나무 떨 듯' 한다. 양버들은 서양에서 들어온 버드나무라는 뜻이고, 미루나무는 미국에서 들어온 버드나무, 곧 미류(美柳) 나무가 변한 것이다.

햇빛은 이파리마다 눈부신 은총을 나눠주었고, 이파리들은 살랑이며 감사를 표했다. 화가들은 그 이파리가 반사하는 아름다운 빛의 물결을 놓치지 않았다. 빈센트 반 고흐는 〈생 레미의 포플러〉와 〈포플러가 있는 거리〉를, 구스타프 클림트는 〈큰 포플러 나무〉를 그렸다. 클로드 모네는 포플러를 소재로 하는 연작 20점을 통해 시시각각 변하는 빛의 섬세한 떨림을 표현해 '빛의 화가'라 불렸다.

도종환 시인은 "바람에 잎을 뒤집으며 빈 하늘에 점묘의 붓을 찍는 포플러나무들의 행렬"을 〈우리를 기쁘게 하는 것들〉의 목록에 올렸다. 김용택 시인은 〈초가을〉에 "가을인갑다/ … (중략) … / 바람이 지나는 갑다/ 운동장가 포플러 나뭇잎 부딪히는 소리가/ 어제와 다르다"는 것을 새삼 느꼈다.

이원수 시인은 "포플러 이파리는 작은 손바닥/ 잘랑잘랑 소리난다 나뭇가지에/ 언덕 위에 가득 아 저 손들/ 나를 보고 흔드네 어서 오라고" 부르는 것을 보았고, 어효선 시인은 "키장다리/ 포플러를/ 바람이 자꾸만 흔들었습니다/ 포플러는/ 커다란 싸리비가 되어/ 하늘을 쓱쓱 쓸었습니다/ 구름은 저만치 밀려가고/ 해님이 웃으며/ 나를 내려다보"는 것을 깨달았다.

문둥병을 앓던 한하운 시인이 지나간 〈전라도 길〉을 따라 걸어보자. "가도 가도 붉은 황톳길/ 숨막히는 더위 속으로 절름거리며/ 가는 길/ 신을 벗으면/ 버드나무 밑에서 지까다비를 벗으면/ 발가락이 또 한 개 없어졌다." 황톳길에서 만난 나무는 버드나무가 아니다. 신작로에 심은 양버들을 버드나무라 부른 것이다.

설레는 기억을 살랑살랑 흔드는 포플러 이파리를 보면 왜 가슴이 부푸는 것일까? 햇빛과 바람의 존재를 새삼 느끼며 가벼운 현기증을 느끼게 되는 것일까? 왜 그 길을 하염없이 따라 걷고 싶은 것일까? 이파리가 무리 지어 환호하며 손짓하는 곳으로 마냥 따라가고 싶은 것일까?

그러다 보면 막스 뮐러가 『독일인의 사랑』에서 뱉은 독백처럼 "어느 누구의 인생에도 포플러 나무가 서 있는 단조롭고 먼지 낀 길을 걸어가며, 스스로 어디 있는지도 모르는 그런 때가 있는 법이다."

물푸레나무

학명	*Fraxinus rhynchophylla* Hance
분류	쌍떡잎식물 용담목 물푸레나무과의 잎지는 큰키나무
분포지	한국, 일본, 중국
다른 이름	쉬청나무, 떡물푸레나무, 물푸레낭, 수청목(水靑木)
꽃말	겸손, 열심

가족과 양평 명달리에 2박 3일 놀러 갔다 왔다. 하룻밤 묵고 다음날 물고기를 잡으러 개울가에 갔다. 그물로 버들치를 잡다가 그늘에서 쉬고 있는데 아버지가 머리 위에 있는 나무가 바로 물푸레나무라고 말씀하셨다. 초등학교 국어시간에 배운 내용에 따르면 물을 푸르게 한 데서 물푸레나무라고 한다. 사실인지 궁금해 가지를 꺾어 개울가에 빠뜨려 봤는데……
대체 뭐가 변한 거지?

가지를 꺾어 물에 담그면 물이 푸르게 변한다 하여 물푸레나무라고 불린다. 학명인 *Fraxinus*는 서양물푸레나무의 라틴어 이름인 'Phraxis'(분리하다)에서 유래했고 *rhynchophylla*는 '새부리처럼 뾰족한 잎'을 뜻한다.

🌿 내가 관찰한 나무의 모습

나무껍질은 회색을 띠는 갈색이고 중간중간에 하얀 띠가 있는 것 같다. 평범하게 생긴 잎은 끝에 물결 모양의 톱니가 있다. 흰색 꽃은 5월에 모여

끝이 뾰족하고
잎자루는 갈수록 가늘어진다.

피는데 멀리서 보면 마치 방 한구석에 쌓인 먼지덩어리 같다. 작은 포도 같은 열매는 8~9월에 빨갛게 익는다.

목재가 단단하고 질기며 탄력이 좋아 가구재, 건축재로 이용된다. 옛날엔 물푸레나무로 만든 회초리로 맞으며 공부해 장원급제를 하면 물푸레나무 앞에서 큰절을 했다고 한다. 줄기는 요즘 야구방망이나 스키를 만들 때 사용된다.

🌿 내가 조사한 나무에 얽힌 이야기

유럽과 시베리아에서는 물푸레나무가 민간 신앙의 대상이 되기도 했다. 유럽의 최고신인 오딘(Odin)은 부엉이로 변해서 숲 가운데 있는 큰 물푸레나무 꼭대기에서 세상을 살핀다는 전설이 있다. 그래서 주술사들은 이 나무를 우주의 기원과 삶의 근원을 상징하는 우주목(宇宙木)으로 섬겼다.

🌿 나무를 보고 느낀 점

햇빛엔 여러 파장의 빛이 있는데 물체마다 반사하고 흡수하는 정도에 따라 색깔이 다르다. 바닷물은 푸른색을 반사해 우리 눈에 푸르게 보인다. 혹시 물푸레나무의 가지가 빠진 푸른 물이 모이다 보니 바다가 푸르게 보이는 것이 아닐까? 물푸레나무가 물을 푸르게 보이게 한다면 붉게, 노랗게, 검게 보이게 만드는 나무도 있을까? 만약 있다면 물붉어나무, 물노래나무, 물검은나무라고 부르고 싶다.

211

터없이 맑은 하늘이 우러나는 물푸레나무

북유럽을 무대로 하는 게르만 신화의 오딘(Odin)은 삼라만상을 창조한 최고의 신으로, 그리스 신화의 제우스에 견줄 수 있다. 오딘은 물푸레나무(Ash)와 느릅나무(Elm)로 각각 남자와 여자를 만들고, 나무 이름을 따서 각각 아스크(Askr)와 엠블라(Embla)라고 이름 붙였다. 이 남녀가 인간의 조상인 셈이다.

그들은 위그드라실(Yggdrasil)이라는 어마어마하게 큰 물푸레나무 한 그루가 우주를 떠받들고 있다고 생각했다. 이 나무는 거대한 뿌리 세 가닥을 뻗어 신, 거인, 인간의 세상에 박고, 각각 시간, 생명, 지혜의 샘물을 마시며 우주로 가지를 펼치고 있다. 오딘은 나무 위의 발할라(Valhalla) 궁전에서 산양, 사슴, 까마귀, 늑대를 부리며 우주를 지배한다.

거대한 우주수(宇宙樹)는 하늘과 땅, 곧 신과 인간을 잇는 통로로 세계 각국의 신화에 두루 등장한다. 히브리 신화에서는 사과나무, 이집트 신화에서는 무화과나무, 수메리아 신화에서는 버드나무, 단군신화에서는 박달나무(신단수)다. 게르만 신화에서는 물푸레나무다.

우주수라는 선입관으로 보면 물푸레는 정말 보잘것없는 나무다. 키가 하늘에 닿기는커녕 그리 크다는 느낌조차 들지 않는다. 서 있는 자리도 높은 언덕이나 넓은 들판 한가운데처럼 의미 있는 곳이 아니다. 그냥 물을 좋아해서 산속의 작은 개울가에서 자랄 뿐이다.

물푸레나무는 '물을 푸르게 하는 나무'라는 뜻이다. 실제로 가지나 껍질을 잘라 물에 담그면 가을 하늘처럼 맑고 푸른 빛이 우러난다. 까마득한 신화의 시대에 하늘까지 닿았던 유전자 때문일까?

우주의 주도권 쟁탈전에서 패해 천형을 받고 쫓겨난 것일까? 별로 곧지도 우람하지도 않은 줄기는 마치 매질을 당해 껍질이 벗겨진 것처럼 허연 무늬가 흉터처럼 군데군데 눈에 띈다. 잎은 물론 꽃이나 열매도 천상의 유전자를 전혀 찾을 수 없을 만큼 평범하고 못생겼다.

물푸레는 에덴에서 쫓겨난 인류의 고통에 공감하는 것처럼 보인다. 에밀리 브론테의 『폭풍의 언덕』에서 캐서린의 죽음을 전해 들은 히스클리프는 늙은 물푸레나무에 머리를 찧으며 자신을 학대한다. 데이비드 로렌스의 『아들과 연인』에서 집 앞의 오래된 물푸레나무는 그 가족의 우울한 분위기를 지켜보며 신음을 내거나 비명을 질렀다.

어쨌든 물푸레나무는 한때 하늘에 닿는 우주수였다. 그래서 암울한 현실에서 벗어날 수 있는 탈출구로 여겨지는 것일까? 조지 오웰의 『1984년』에서 윈스턴은 빅브라더의 눈을 피해 물푸레 숲에서 줄리아를 만나 사랑을 나눈다. 올더스 헉슬리의 『멋진 신세계』에서 존은 인간을 사육하는 신세계에서 벗어나 자연에서 살기 위해 물푸레로 화살을 만든다.

김재황 시인은 냉수 한 바가지를 보고 "물푸레나무가 들어앉았던 물인가/ 맑은 하늘이 담기어 있다"고 말했다. 김태정 시인은 "가지가 물을 파르스름 물들이는 건지/ 물이 가지를 파르스름 물올리는 건지" 궁금했다. 오규원 시인은 "물푸레나무 그 한 잎의 솜털, 그 한 잎의 맑음, 그 한 잎의 영혼, 그 한 잎의 눈, 그리고 바람이 불면 보일 듯 보일 듯한 그 한 잎의 순결과 자유를 사랑했"다.

물푸레를 보면 왜, 까맣게 잊었던 하늘이 기억나는 걸까? 소설가 양귀자는 『천년의 사랑』에서 이렇게 답했다. "당신이 내 마음 속에 들어오면 나는 그대로 푸르른 사람이 됩니다. 그래서 당신은 나의 물푸레나무입니다."

배롱나무

학명	*Lagerstroemia indica L.*
분류	쌍떡잎식물 도금양목 부처꽃과의 잎지는 중간키나무
분포지	한국, 중국
다른 이름	백일홍나무, 간지럼나무, 자미화(紫微花)
꽃말	떠나간 벗을 그리워 함

분당 중앙공원에서 친구들과 자전거를 타다가 화단에서 연갈색 줄기가 매끄러운 나무를 봤다. 보통 나무는 줄기가 두둘두둘한데 배롱나무는 반질반질했다. 집에서 인터넷으로 찾아보니 배롱나무의 줄기는 나무타기의 명수인 원숭이도 미끄러질 정도로 매끄럽다고 한다.

배롱나무는 붉은 꽃이 여름부터 가을까지 100일(7~9월) 정도 핀다. 사실은 꽃 하나가 100일 가는 것이 아니고 꽃이 연달아 피고 져서 100일 동안 가는 것처럼 보인다. 배롱나무는 원래 이름이 백일홍나무(木百日紅)다. '백일홍나무'를 그대로 발음하면 '배기롱나무'가 되는데, 줄어서 배롱나무가 되었다.

🌿 내가 관찰한 나무의 모습

줄기는 연붉은 갈색이며 껍질이 떨어지면 하얗게 보인다. 줄기가 뻗은 모습이 마치 춤을 추는 사람처럼 보인다. 꽃은 꼭 접부채처럼 생겼다. 그래서 바람이 불 때 멀리서 바라보면 배롱나무가 붉은 부채 수백 개를 펼치고 춤을 추는 것 같다. 둥근 알약처럼 작고 푸른 수박처럼 생긴 열매는 10월에 익어서 수박 여섯 조각처럼 벌어진다.

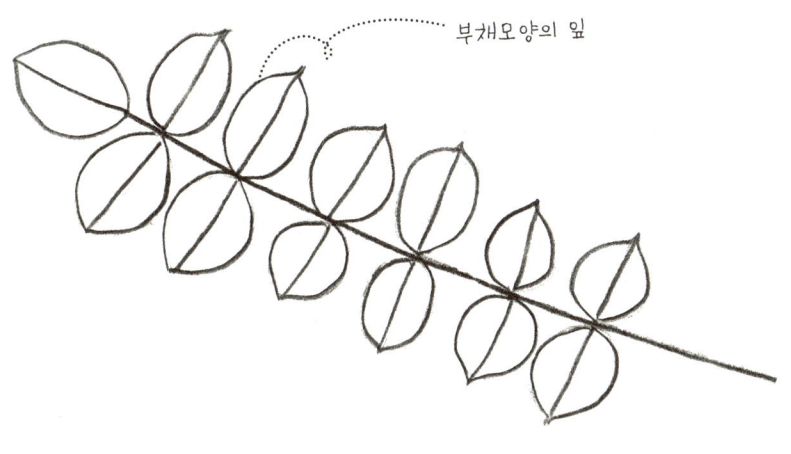

부채모양의 잎

줄기가 미끄러워 원숭이가 올라가다 떨어지면 '배롱' 하고 약을 올리는 것 같다. 그래서 배롱나무를 '배롱나무' 라 부르고 싶다. 매끄럽고 윤이 나는 껍질이 아름답고 재질이 단단해 고급 가구나 장식품을 만드는 데 쓰인다. 정자나 사당에서 흔히 볼 수 있는 관상용 나무다.

🌿 내가 조사한 나무에 얽힌 이야기

배롱나무는 옛날 양반들이 좋아하는 나무다. 붉은 꽃이 선비의 정열을 뜻하고 오랫동안 피어 학문에 대한 끈기를 나타내기 때문이다. 추위를 타 봄에 싹이 늦게 나오기 때문에 이를 빗대서 '양반나무' 라는 별명이 붙었다. 줄기를 간질이면 잎이 움직이는 것처럼 보여 '간지럼나무' 라고도 한다.

🌿 나무를 보고 느낀 점

분당 중앙공원에 가면 수내정(藪內亭) 바로 앞에 배롱나무를 볼 수 있다. 옛날 양반들은 정자에서 바둑을 두고 시를 지으면서 배롱나무와 함께 즐기고 싶었을 것이다. 나도 양반처럼 우리 집 근처에 배롱나무를 심고 그 옆에서 책을 읽고 싶다. 단 100일 동안만.

양귀비의 미소가 배어 있는 배롱나무

그 아름다움에 꽃도 부끄러워 꽃잎을 감춘다는 수화(羞花) 양귀비(楊貴妃)는 당나라 현종이 사랑한 절세의 미인으로, 중국 역사상 가장 낭만적인 서사시의 주인공이다. 현종은 중앙 행정관청(中書省)에 자미화(紫薇花)를 잔뜩 심어놓고 자미성(紫薇省)이라 불렀다. 꽃을 극진히 사랑했던 현종에게 자미화는 양귀비와 같은 존재였다. 자줏빛 꽃이 피는 장미, 자미화가 바로 배롱나무다.

'열흘 붉은 꽃이 없다'는 화무십일홍(花無十日紅)이 무색하다. 한해살이 풀 백일홍(百日紅)과 구분하기 위해 '백일홍나무'라 부른 것이 '배롱나무'가 됐다. 목백일홍(木百日紅)이라고도 한다. 한 송이가 100일 동안 피어 있는 것이 아니라 작고 수많은 꽃들이 차례로 피는 기간이 모두 100일을 넘기 때문에 그만큼 오랫동안 꽃이 피어 있는 것처럼 보인다.

배롱나무는 가장 추울 때 알거지처럼 헐벗고 서 있다가, 가장 뜨거울 때 가장 화사한 꽃을 피우는 정열적인 나무다. 찬바람 에이는 겨울에 삭발한 수도승처럼 강인하게 버티다가, 햇살이 따가운 여름에 플라멩코를 추는 집시 무희의 주름치마처럼 화려한 진분홍 꽃을 무수히 피워 올린다.

'원숭이도 나무에서 떨어질 때가 있다'는 속담이 있다. 배롱나무가 바로 이 속담 속의 나무일지도 모른다. 줄기와 가지가 워낙 반질반질하고 매끄럽기 때문이다. 일본에서는 사루스베리(さるすべり, 猿滑り)라 부른다. '원숭이미끄럼 나무'라는 뜻이다. 실제로 원숭이가 미끄러지는 것을 보고 이름을 붙였는지 알 수는 없지만, 일본의 고서적을 뒤져보면 원숭이와 배롱나무의 관계를 설명하는 재미있는 설화라도 있을듯 싶다.

그 매끄러운 줄기를 보면 마치 홀랑 벗은 알몸을 보는 것 같아 민망한 느낌이 든다. 또 한 번 간질어 보고 싶은 충동도 가끔 든다. 그 맨살을 본 사람들은 나무를 간질였고 나무는 간지럼에 몸을 꼬았다. 줄기를 간질이면 마치 잎이 간지럼을 타는 것 같다. 충청도에서는 배롱나무를 '간지럼나무', 제주도에서는 '저금(간지럼) 타는 낭(나무)'이라 부른다.

당나라 시인 백거이는 〈長恨歌〉(장한가)에서 현종과 양귀비의 슬픈 사랑을 紫薇花對紫薇郎(자미화대자미랑: 자미화가 자미랑을 마주 본다)이라 표현했다. 현종이 석양에 쓸쓸히 누각에 앉아 배롱나무꽃을 보면서 안녹산의 난 때 죽은 양귀비를 떠올리는 장면이다.

송강 정철은 纔看佳人勝玉釵(재간가인승옥채: 그 예쁜 얼굴이 옥비녀보다 곱다)고 칭찬했고, 성삼문은 배롱나무 곁에서 相看一百日 對爾好銜杯(상간일백일 대이호함배: 서로 백일 동안 바라보니 너를 상대로 즐거이 한 잔 하리라)라며 풍류를 즐겼다. 당나라 시인 유우석은 "요사스런 복사꽃의 자태를 배우지 않은 것은/ 헛된 영화는 순간에 불과하기 때문이네"라고 읊었다.

도종환 시인은 〈목백일홍〉을 보며 "꽃은 져도 나무는 여전히 꽃으로 아름다운 것"이라는 사실을 깨닫고, "사랑하면 보인다고/ 사랑하면 어디에 가 있어도/ 늘 거기 함께 있는 게 눈에 보인다"는 진리를 〈배롱나무〉에게서 배웠다고 고백한다.

배롱나무는 아무데나 뿌리를 내리지 않는다. 사람이 심고 가꾸지 않으면 스스로 번식하지 않는다. 그래서 심은 주인이 죽으면 3년 동안 흰 꽃을 피운다는 속설이 사실처럼 여겨지는 지조 있는 나무다. 조용한 절 앞마당이나 이름난 서원이나 정자의 뒤뜰처럼 품위 있는 곳에서 기품 있게 자라 선비의 사랑을 받는 양반나무다. 그러기에 배롱나무는 애초부터 원숭이 따위가 감히 범접할 수 없는 나무였을 것이다.

무궁화

학명	*Hibiscus syriacus* L.
분류	쌍떡잎식물 아욱목 아욱과의 잎지는 중간키나무
분포지	한국, 중국, 인도
다른 이름	목근화
꽃말	일편단심, 영원

우리나라를 대표하는 꽃이라 이름만 들어도 익숙하다. 사진으로만 보던 무궁화를 실제로 본 곳은 초등학교 담장이다. 내가 알던 분홍색 나팔 모양꽃과 달리 하얀 꽃이 피어서 이름이 잘못 달린 줄 알았지만 조사해보니 무궁화는 그 종류가 아주 다양했다.

　무궁화는 한자로 無窮花라고 쓰는데 '지지 않는 꽃'이라는 뜻이다. 하지만 중국에선 무궁화라고 부르지 않고 목근화(木槿花)라고 한다. 영어로는 Rose of Sharon. Sharon은 '성스럽고 선택받은 곳', Rose는 '아름다운 꽃'이라는 의미를 가지고 있어 무궁화는 '성스럽고 선택받은 곳에서 피어나는 아름다운 꽃'이라는 뜻이다.

🌿 내가 관찰한 나무의 모습
여름부터 가을까지 새로 핀 잎겨드랑이마다 하나씩 피는 꽃은 하양, 분

끝이 뾰족한 불빛 모양이다.

홍, 보라 등 여러 색이 있다. 끝이 5갈래로 갈라진 통꽃으로, 아침 일찍 피고 저녁 일찍 진다. 살짝 열린 옥수수껍질에 계란이 담긴 것 같은 열매는 늦가을에 익는다. 하얀 솜털이 송송 난 씨앗은 땅콩이 썩어 곰팡이가 핀 것 같다.

   가지가 옆으로 뻗지 않고 위로만 자라기 때문에 학교나 공원 같은 곳에 생울타리나 장식용으로 널리 이용된다.

🌿 내가 조사한 나무에 얽힌 이야기

옛날 어느 마을에 많은 남자들에게 사랑을 받는 처녀가 가난한 장님에게 시집을 가자 사람들은 몹시 안타까워했다. 원님은 그 소문을 듣고 찾아가 아내가 되어달라고 했지만 처녀는 싫다고 했다. 화가 난 원님은 처녀를 죽이려고 하자 그 처녀는 자기가 죽거든 자기집 앞에 묻어달라고 했다. 원님은 처녀의 말대로 그 집 앞에 처녀를 묻었는데 그 자리에선 장님인 남편을 지키기 위한 무궁화가 피어 울타리를 이루었다고 한다.

🌿 나무를 보고 느낀 점

아침에 피고 저녁에 저무는 무궁화는 매일매일 새롭게 태어난다. 무궁화 꽃처럼 우리가 살아가는 날들이 항상 새롭게 시작하면 좋겠다. 오늘은 어제보다 발전하고 내일은 오늘보다 더 나은 하루하루를 만들고 싶다. 그러면 '지지 않는 꽃'(Flower which never fall)은 '지지 않는 꽃'(Flower which never lose)이 될 것이다.

감탄 없이는 바라볼 수 없는 무궁화

중국 시안(西安)에 있는 화청궁(華淸宮)은 당나라 현종이 양귀비를 위해 단장한 별궁이다. 현종은 양귀비의 환심을 사기 위해 예쁘다는 꽃을 모두 모아 궁에 심었다. 봄이 되자 온갖 꽃들이 서로 다투며 자태를 뽐내는데 유독 하나만 꽃을 피우지 않자, 현종은 이 꽃을 뽑아 궁 밖으로 버렸다. 이 꽃이 바로 '궁에서 볼 수 없는 꽃' 곧 무궁화(無宮花)다.

무궁화는 여름에 꽃을 피운다. 봄에 꽃을 볼 수 없는 것은 당연하다. 현종의 성급함이 어리석게 느껴진다. 무궁화는 하루에 30송이 정도가 피는데, 100일 계속 핀다고 보면 한 그루가 1년에 3천 송이를 피우는 셈이다. 그래서 '끝없이 피는 꽃' 곧 무궁화(無窮花)다.

고려시대 이규보의 『동국이상국집』(東國李相國集)을 보면 두 선비가 無宮花가 맞는지 無窮花가 맞는지 따지는 장면이 나온다. 지금은 無窮花로 쓰지만, 본디 목근화(木槿花)로 표기한 것이 무긴화 → 무깅화를 거쳐 무궁화가 된 것으로 보인다. 영어로는 Rose of Sharon이다.

고조선을 세우기 전인 환나라의 꽃으로 환화(桓花), 고조선 시대엔 훈화(薰華), 천지화(天指花), 근수(槿樹)라 불렸고, 신라시대 문장가인 최치원은 당나라에 보내는 외교문서에 신라를 '槿花鄕'(근화향: 무궁화 나라)이라 자랑했다.

무궁화는 자연스럽게 나라꽃이 되어 애국가에서 "무궁화 삼천리 화려강산"을 만들고, 화폐나 우표의 도안은 물론 국기봉과 정부의 포장이나 휘장 도안으로 상징적인 꽃을 피우고 있으며, 기차나 인공위성의 명칭에서 최고 등급의 꽃으로 사랑받고 있다.

이렇게 무던한 나무가 또 있을까? 무궁화는 아무 땅에나 잘 자란다. 산이든 밭이든 뜰이든 길이든 가리지 않는다. 씨를 뿌려도 되고, 포기를 나눠도 되고, 꺾어서 꽂아도 되고, 접을 붙여도 잘 자란다. 언제든지 어디든지 뿌린 대로 심은 대로 자란다. 너무 추운 지역을 빼고 세계적으로 널리 분포하며 모두 250종이 넘는다.

이렇게 까탈스런 꽃이 또 있을까? 활짝 핀 꽃을 볼 수 있는 것은 잠깐이다. 아침 햇살이 퍼질 때 이슬 젖은 얼굴로 방긋 피었다가 서서히 오무라들기 시작하여 해질 무렵 바로 시들어버린다. 아침에 피었다가 저녁에 지는 朝生暮死(조생모사)의 꽃이다. 당나라 시인 백거이도 槿花一日自成樂(근화일일자성락: 무궁화는 하루에 스스로 영화를 다 이룬다)고 했다.

잠깐 핀 꽃이 무궁무진하게 피어나는 것처럼 느껴지는 마술은 도대체 누가 부리는 것일까? 서정주 시인은 "하늘과 땅이 너를 골라/ 영원에서 제일 질긴 놈이 되라고 내세운"〈무궁화 같은 내 아이〉를 대견해했다. 당나라의 이백(李白)도 猶不如槿花 嬋娟玉階側(유불여근화 선연옥계측: 함초롱이 피어나는/ 섬돌 옆의 무궁화/ 온동산을 훑어보아도/ 이 꽃에 견줄 것은 없네)이라고 칭찬했다.

무궁화는 어떻게 배달민족의 마음을 사로잡아 '꽃 중의 꽃'이 되었을까? 조지훈 시인은 "희디흰 바탕은 이 나라 사람들의 깨끗한 마음씨요, 안으로 들어갈수록 연연히 붉게 물들어, 마침내 그 한복판에서 자주빛으로 활짝 불타는 이 꽃은 이 나라 사람이 그리워하는 삶"이라 해석했다.

수필가 이양하는 "무궁화에는 은자(隱者)가 대기(大忌)하는 속취(俗臭)라든가, 세속적 탐욕 내지 악착을 암시하는 데가 미진(微塵)도 없고 덕 있는 사람이 타기(唾棄)하는 요사(妖邪)라든가 망패(妄悖)라든가 오만(傲慢)이라든가를 찾아볼 구석이 없다. 어디까지든지 점잖고, 은근하고, 겸허하여 폐일언(蔽一言)하고 너그러운 대신 군자의 풍모를 가졌다"고 칭찬했다. 그야말로 "감탄 없이는 바라볼 수 없"는 꽃이다.

싸리나무

학명	*Lespedeza bicolor Turcz.*
분류	쌍떡잎식물 장미목 콩과의 잎지는 작은키나무
분포지	한국, 일본, 몽골, 중국
다른 이름	싸리, 산싸리
꽃말	상념, 사색

중학교 1학년 국어시간에 김홍도가 그린 〈서당〉을 공부했는데 옛날 서당에선 싸리나무 회초리로 맞으며 글을 깨우쳤다고 한다. 그날 후 밤에 졸릴 때 내 자신을 때리며 공부하려고 싸리나무를 찾기 시작했다. 학교 뒷산에서 결국 싸리나무를 찾아 가지를 꺾어왔는데 한번 때려보니 너무 아파 그냥 버렸다. 그 뒤로 싸리나무를 보면 그때 때린 곳이 아직도 아픈 것 같다.

싸리나무는 불이 잘 붙고 연기도 많이 나지 않아 횃불로 많이 쓰였는데 탈 때 나는 '싸라락' 소리 때문에 이 이름이 붙었다. 줄기가 곧고 단단해 화살대로도 사용했는데 화살의 '살'에서 이름이 유래했다고도 한다.

🌿 내가 관찰한 나무의 모습

진한 갈색 줄기는 유연성이 좋아 잘 부러지지 않는다. 럭비공처럼 타원형인 작은 잎은 한 가지에 3개씩 달린다. 꽃은 7~8월에 붉은 자줏빛으로 핀다. 꼬투리 안에 들어 있는 팥처럼 생긴 열매는 10~11월에 갈색으로 익는다.

잎이 작고 매우 연하다.

조선시대 아이들은 싸리나무 회초리로 맞으며 서당에서 교육을 받았다. 싸리나무 가지는 주변에서 구하기 쉽고 맞아도 멍들지 않으며 훈장님이 휘두르면 그 소리에 학생들이 겁을 먹기 때문이다. 그렇게 공부를 한 뒤 과거 보고 급제하면 그 싸리나무 앞에서 큰절을 했다고 한다. 줄기는 탄력성이 좋아 회초리 말고도 소쿠리, 키 등 많은 곳에 이용되었다.

🌿 내가 조사한 나무에 얽힌 이야기

옛날 어느 나라에 왕자를 짝사랑하던 로그페테라는 처녀가 있었다. 어느 날 왕자가 전쟁에 나갔다가 믿었던 장수의 배신으로 패하여 상처를 입고 도망쳤다. 싸리나무 밑에 쓰러진 왕자를 본 처녀는 정성껏 간호하고, 가지를 꺾어주며 지휘봉으로 삼아 꼭 이기라고 격려했다. 왕자는 그 싸리 지휘봉을 가지고 전쟁에 나가 승리하였고 로그페테라는 왕비가 되었다 한다.

🌿 나무를 보고 느낀 점

선비들은 싸리나무 회초리로 맞으며 공부하여 학문을 닦았다. 전설에 나온 왕자도 처녀가 준 싸리나무 가지를 지휘봉으로 삼아 전쟁에서 승리했다. 아마 배신을 당한 왕자가 전쟁을 할 의욕도 없고 절망에 빠지자 처녀가 때려서 정신을 차리게 했나 보다. 싸리나무를 보면 'No pain no gain' 이라는 속담이 생각난다.

고향의 추억처럼 피고 지는 싸리나무

태조 이성계는 조선시대 왕 가운데 무예가 가장 뛰어났다. 〈용비어천가〉에 따르면 "사법(射法)이 신묘하시어 대초명적(大哨鳴鏑)을 쓰기를 좋아"했다고 한다. 대초명적은 휘파람 소리를 내며 날아가 꽂히면 부르르 떨며 우는 소리를 내는 큰 화살이다. 대초명적은 싸리나무 살대에 학의 깃을 달았다고 하는데, 사실 싸리가 아니라 싸리를 닮은 광대싸리다.

싸리나무는 줄기가 곧고 단단하며, 가지는 질기면서도 유연하다. 이런 특징 때문에 싸리비는 대궐이나 절은 물론 양반이나 평민의 집 앞마당을 쓰는 용도로, 대나무비나 수수비보다 널리 쓰였다. 가지를 일일이 엮을 필요 없이 통째로 잘라 빗자루로 삼는 것이 댑싸리(대싸리)다. 댑싸리(명아주과)도 광대싸리(대극과)처럼 싸리(콩과)가 아니다.

5일장에 나오는 싸리비 가운데 가장 비싼 것이 서당비다. 아들을 서당에 맡긴 부모는 싸리를 잘라 몇 단씩 갖다 바쳤다. 그 싸리가 다 부러지도록 종아리를 쳐서 사람을 만들어 달라는 뜻이다. 훈장은 이를 빗자루로 팔아 생활에 보태 썼다. 회초리를 지고 가서 벌을 청한다는 부형청죄(負荊請罪)의 고사에서 회초리는 사실 가시나무(荊)가 아니라 싸리다.

싸리만큼 어린 시절 추억이 많이 얽힌 나무가 또 있을까? 고향 집을 생각할 때마다 싸리를 엮은 울타리 사이에 달린 싸리문을 열고 들어가면 보이던 반가운 얼굴이 먼저 떠오른다. 쓸 만한 싸리 회초리는 보는 족족 분질러 버렸는데, 뒷산에 싸리나무는 왜 그리 많은지……

헛간에 세워둔 싸리비로 아침마다 마당을 지겹도록 쓸었고, 홧김에 싸리비를 휘둘러 하늘 가득 맴돌던 잠자리를 쫓았다. 싸리 망태기를 메고

칡을 캐고, 싸리 소쿠리를 끼고 나물도 캤다. 싸리 바지게를 지고 나가 소꼴을 베고, 싸리 통발로 물고기를 잡았다. 이불에 지도를 그리면 싸리로 만든 키를 쓰고 소금을 얻으러 다녔다. 싸리로 만든 윷은 앞뒤가 분명하고, 달그닥거리는 소리도 좋다.

아버지는 싸리 삼태기로 곡식이나 거름을 옮기고, 싸리 다래끼를 메고 밭에 씨를 뿌렸다. 어머니는 싸리 광주리에 음식을 담고, 싸리 반진고리를 꺼내 헤진 옷을 기웠다. 아버지는 싸리를 잘라 아궁이에 불을 지피다가, 싸리로 닭장을 짜고 싸리 둥우리에 병아리를 숨겼다. 어머니는 싸리 어린 싹을 따서 나물을 무치고, 싸리 꼬챙이에 감을 꿰어 곶감을 말렸다.

싸리는 정말 소박한 나무다. 기껏 자라야 사람 키를 살짝 넘는다. 토끼풀처럼 석 장씩 달린 연약한 잎도 작고 귀엽다. 그래서 영어로 'bush clover'다. 늦여름에 피는 분홍꽃도 수수하다 못해 어리숙해 보인다. 꽃 진 자리에 달리는 야윈 꼬투리도 대충 매단 듯 어설프다.

참싸리, 홍싸리, 풀싸리, 조록싸리, 좀싸리, 비싸리, 싸리버섯…… 모양이 싸리처럼 생겼으면, 모두 '싸리'다. 싸리재, 싸리골, 싸릿말 같은 지명도 그 고개와 마을에 싸리가 많아서 붙은 이름이다. 이처럼 싸리는 시골 살림살이 구석구석에 스며들어 그대로 생활이 되어버린 나무다.

권오순 시인은 〈구슬비〉내리는 날 "송알송알 싸리잎에 은구슬"을 세며 천진난만하게 노래 부르는데, 황상순 시인은 "싸리 울타리 옆에"서 "손처럼 닳아진 호미로 파밭을 일구"는 할머니를 떠올리고, 송수권 시인은 "'싸르락 싸르락' 동자승이 싸리비로 흙마당을 쓸어내는, 숭늉맛 같은 이 소리가 영혼 깊숙이 박혀 가슴 절이게 한다"고 했다.

그 흔했던 싸리가 언제부턴지 모르게 눈에 띄지 않는다. 마을 주변 어디서나 흔하게 볼 수 있어, 있어도 없는 듯 없어도 있는 듯 했던 싸리가 중생대의 공룡처럼 갑자기 멸종한 것일까? 고향이 잊혀지기에 고향의 추억처럼 피고 지던 싸리도 자취를 감추는 것일까?

벽오동

학명	*Firmiana simplex W. Wight*
분류	쌍떡잎식물 이판화군 아욱목 벽오동과의 잎지는 큰키나무
분포지	한국, 중국, 일본, 타이완
다른 이름	벽오동(碧梧桐), 청오동나무
꽃말	사모, 그리움

어느 평범한 방학 오전, 아버지가 집에 중요한 서류를 두고 왔다고 전화하셨다. 갖다 드리려고 버스를 타고 서대문까지 가 아버지를 만났다. 아버지와 함께 점심으로 보쌈을 먹고 근처에 있는 서울시 교육청을 구경했다. 본관 입구 옆 화단에 줄기가 대나무처럼 곧고 푸른 나무가 보였다. 아버지께선 저 벽오동 나무처럼 푸르게 자라달라고 당부하셨다.

오동나무와 잎이 비슷하게 생겼지만 줄기와 잎이 더 푸르고 더 짙다 하여 푸를 '벽'(碧)자를 붙여 벽오동(碧梧桐)이라 한다. 푸른 특징 때문에 벽오동 대신 청오동이라고도 불린다.

🌿 내가 관찰한 나무의 모습

잎은 3~5개로 갈라진 물갈퀴 모양이며 가을엔 노랗게 단풍이 든다. 진노란 꽃은 6~7월에 할미꽃처럼 굽어 피는데 위에서 보면 꽃의 뒤통수밖에 보이지 않는다. 낙엽같이 생긴 열매엔 검은 콩을 닮은 씨가 3~4개

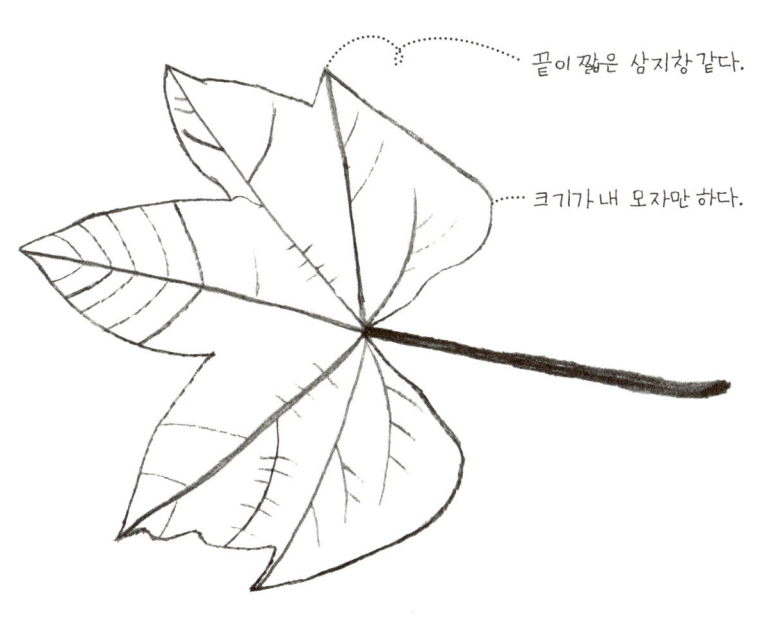

끝이 짧은 삼지창 같다.

크기가 내 모자만 하다.

들어 있다. 꼬투리에서 갓 나온 씨는 마치 낙엽 뒤에 숨어 숨바꼭질하는 것 같다.

   한국, 중국, 일본에선 곧고 푸른 줄기와 넓은 잎이 선비의 절개를 상징한다 하여 정자 근처에 많이 심었다. 꽃을 잘 말려 가루로 만들어 데인 곳에 바르면 잘 낫는다고 한다. 나무껍질에서 섬유를 채취해 밧줄을 만들기도 한다.

🌿 내가 조사한 나무에 얽힌 이야기
옛날 문(文)씨 성을 가진 총각이 이웃집에 얹혀살게 되었다. 이웃집 주인은 문씨 총각을 부려먹었지만 그 집 딸은 그를 도와줘 문씨 총각은 그녀를 좋아했다. 어느 날 그녀가 시집을 가자 문씨 총각은 상사병에 걸려 죽었고 사람들은 시집간 집 근처에 그를 묻었다. 그 무덤에서 벽오동이 자라더니 그 집을 향해 눈물이 담긴 열매를 날렸다고 한다. 그래서 벽오동의 꽃말이 사모, 그리움이다.

🌿 나무를 보고 느낀 점
봉황은 쉴 때 줄기가 푸른 벽오동에만 앉는다고 하니 벽오동은 매우 특별한 나무다. 또 벽오동에 앉아 아름다운 소리로 울면 온 세상이 평온해진다고 한다. 서울시 교육청에 있는 벽오동엔 봉황이 이미 다녀갔을까?

봉황을 보자고 심은 벽오동

"단산(丹山) 봉황(鳳凰)이 죽실(竹實) 물고 오동(梧桐) 속에 넘노는 듯 구고(九皐) 청학(靑鶴)이 난초를 물고서 오송간(梧松間)에 넘노는 듯." 판소리 〈열녀춘향수절가〉에서 춘향과 이도령이 사랑 장난을 하는 대목이다. 봉황과 청학이 등장할 만큼 그들의 포옹은 고고하고 멋스러웠을까?

봉황은 어디에 살고 있을까? 『장자』에 따르면 봉황은 '오동나무 가지가 아니면 앉지를 않고, 대나무 열매가 아니면 먹지를 않으며, 예천이 아니면 마시지 않는다'(非梧枝不棲 非竹實不食 非醴泉不飮)고 했다. 예천은 태평성대에만 단물이 솟는 샘이다.

봉황이 머무는 곳은 오동이다. 이 오동은 오동나무가 아니라 벽오동(碧梧桐)을 가리킨다. 오동나무는 목재가 희기 때문에 백동(白桐)이라 하고, 벽오동은 줄기가 푸르기 때문에 청동(靑桐)이라 한다. 오동나무는 현삼과, 벽오동은 벽오동과로 전혀 다른 나무다. 굳이 구분하자면 '梧'는 벽오동을 뜻하고, '桐'은 오동나무를 뜻한다. 따라서 봉황이 깃드는 오동은 모두 벽오동이라 보면 된다.

벽오동은 아무리 나이를 먹어도 줄기가 푸르고 윤기가 나기 때문에 불로(不老)를 상징하는 나무로 여겨졌다. 자라는 속도도 빠르고 키도 큰 편이다. 한 해에 한 마디씩 자라기 때문에 마디를 세어보면 나이를 알 수 있다. 크게 자란 벽오동은 과연 봉황이 찾아가 앉을 만큼 위엄이 있다.

이파리도 부채처럼 널찍하다. 잎이 무성하면 봉황이 그 속에 앉아 충분히 쉴 수 있을 것 같다. 여름이 시작될 무렵 희고 노란 빛을 띠는 작은 꽃무리가 가지 끝에 달린다. 꽃잎도 없고 꽃받침이 뒤로 젖혀져 꽃술만 쑥 나온 모습이 뭔가 어색해 보인다. 가을이 되면 다섯 날개를 아래로 오무린 듯한 팔랑개비 모양 안에 완두콩 같은 열매가 오손도손 달린다.

남도 민요 〈새타령〉은 "남영에 대붕새야 오동잎에 봉황새야 상사병에 기러기야 고국찾는 접동새야" 하며 온갖 새를 불러낸다. 대붕은 남녘에서, 봉황은 벽오동에서 불러낸다. 천자문의 33번째 구절 명봉재수(鳴鳳在樹. 우는 봉황새는 나무에 깃든다)의 나무도 벽오동이다. 화투(花鬪) 11월의 패(오동광)에서도 벽오동과 봉황을 볼 수 있다.

봉황을 좋아하는 사람도 있고, 싫어하는 사람도 있다. 경남 함안에는 봉황을 부르기 위해 벽오동을 심은 숲이 있고, 여수 오동도는 봉황을 쫓기 위해 벽오동을 베고 동백을 심었다는 전설이 있다.

조선 후기에 표암 강세황이 그린 〈벽오청서도〉(碧梧淸暑圖)는 선비가 벽오동 아래 앉아 마당을 쓰는 아이를 바라보는 풍경을 묘사하고 있다. 벽오동 아래서 기다리면 봉황을 볼 수 있다고 생각했을까, 혹시 벽오동에 깃들어 스스로 봉황이 된 듯한 여유를 누리고 싶지 않았을까?

조선 중기의 문인 김성일은 千仞鳳凰何處去 碧梧靑竹自年年(천 길 높이 날던 봉황 어디로 날아가고/ 벽오동과 푸른 대만 해마다 자라는가) 하며 도산 이퇴계 선생을 그리워했다. 도대체 왜 봉황은 오지 않는 걸까? "벽오동 심은 뜻은 봉황을 보려터니/ 내 심은 탓인지 기다려도 아니 오고/ 밤중에 일편명월(一片明月)만 빈 가지에 걸렸에라"(작자 미상).

벽오동에 빠지면 헛것을 보게 되나 보다. 전통가곡 〈언락〉(言樂)에서는 봉황의 그림자를 봤다고 주장한다. "벽사창(碧紗窓)이 어룬어룬커늘 임만 여겨 펼떡 뛰어 나가보니 임은 아니옵고 명월이 만정(滿庭)헌데 벽오동 젖은 잎에 봉황이 와서 긴 목을 후여다가 깃 다듬는 그림자로다"(작자 미상)

계수나무

학명	*Cercidiphyllum japonicum S.et Z.*
분류	쌍떡잎식물 이판화군 미나리아재비목 계수나무과 잎지는 중간키나무
분포지	한국, 일본, 중국
다른 이름	간장나무, 연향수(連香樹)
꽃말	명예, 승리의 영광

친구들과 집 근처 중학교에서 축구를 했다. 전후반을 열심히 뛰다보니 힘들어서 경기가 끝나고 나무 그늘에 앉아 쉬었다. 그늘이 좀 작아 나무 몸통에 기대었는데 이름표가 머리에 부딪혔다. 계수나무였다. 계수나무는 옥토끼랑 같이 달에만 있는 줄 알았는데……

 계수나무는 중국에선 연향수(連香樹), 일본에선 가쓰(香出), 미국에선 katsura tree라고 부르는데 모두 잎에서 나는 향기와 관련된 이름이다. 계수나무는 생명력이 좋아 줄기를 베면 뿌리에서 새로운 줄기가 나오는 특징이 있다. 그래서 중국 전설에 따르면 달나라의 계수(桂樹)는 도끼질을 해도 다음날 원래대로 돌아온다고 한다.

🌿 내가 관찰한 나무의 모습

꽃은 5월경에 수꽃과 암꽃이 따로 핀다. 수꽃은 손가락 끝이 붉은 면장갑 같고 암꽃은 손가락이 긴 붉은 고무장갑처럼 생겼다. 하트처럼 생긴 잎은 봄에 붉은색을 띠고, 여름에는 초록색으로 바뀌며 가을엔 노랗게 물든다. 열매는 8월에 검게 익으며 한 곳에 10개 정도 달린다. 씨앗이 땅에 떨어지면 바로 그 해에 싹이 튼다고 한다.

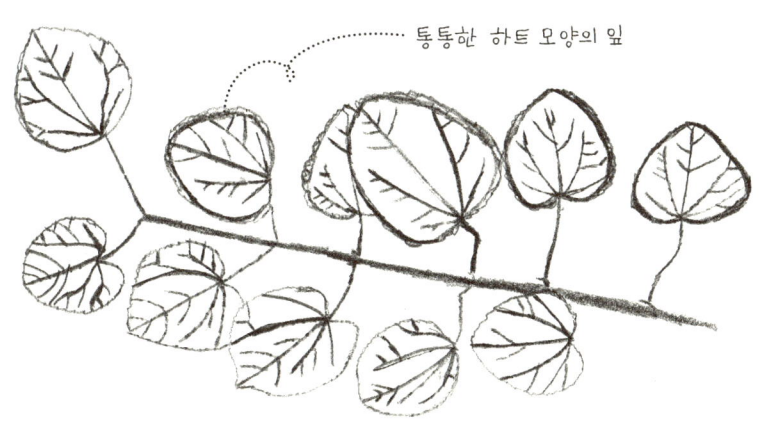

통통한 하트 모양의 잎

습기가 많은 곳에 주로 살지만 건조한 곳에서도 잘 자란다. 계수나무 껍질은 한약 재료로 쓸모가 많다. 성질이 따뜻하고 독이 없어 차로 달여 마신다. 또 몸이 차고 허약하거나 심장이 약한 사람에게 좋다. 구토가 나거나 설사가 나오거나 감기 걸린 사람에게 사용하기도 한다.

🌱 내가 조사한 나무에 얽힌 이야기

옛날 사람들은 달에 토끼가 살면서 떡방아를 찧는다고 생각했다. 중국 전설에 따르면 토끼가 찧는 것은 떡이 아니라 불로장생(不老長生)의 약이다. 약을 만드는 데 필요한 재료가 계수나무의 껍질이다. 그래서 토끼는 계수나무 옆에서 방아를 찧는다고 한다.

🌱 나무를 보고 느낀 점

실제로 달에는 계수나무도 토끼도 없다. 만약 내가 우주선을 타고 달에 간다면 지구에서 계수나무 씨를 가져가 심어서 숲을 만들 것이다. 계수나무가 크게 자라면 토끼로봇을 시켜 나무껍질을 벗긴 다음 사람이 늙지 않고 오래 살게 하는 약을 만들게 할 것이다.

달콤한 방귀를 뀌는 계수나무

어릴 때 부르던 동요, "푸른 하늘 은하수 하얀 쪽배엔/ 계수나무 한 나무 토끼 한 마리"로 시작하는 윤극영 작가의 〈반달〉은 절대 죽지 않는 불사약(不死藥)을 소재로 하는 중국의 고대설화를 바탕으로 한 것이다.

선녀였던 항아(嫦娥)는 몰래 불사약을 먹은 죄로 옥토끼가 되어 달에서 절구공이로 방아를 찧으며 불사약을 만드는 형벌을 받았다. 연단술사 오강(吳剛)은 오랜 실험 끝에 불사약을 만들어냈는데, 신선의 비밀을 훔친 죄로 달로 귀양을 갔다.

달에 도착하니 옥토끼가 계수나무 옆에서 방아를 찧고 있었다. 오강은 계수나무를 도끼로 찍어 쓰러뜨리는 벌을 받았다. 도끼로 아무리 내려쳐도 계수나무는 금방 새 살이 돋아 쓰러지지 않았다. 그래서 지금도, 옥토끼는 절구질을 하고 있고 오강은 도끼질을 하고 있다고 한다.

계수나무는 싹을 틔우는 능력이 굉장히 뛰어나다. 가을에 영근 씨앗이 떨어지면 그 해에 바로 싹을 틔울 정도다. 둥지째 베어 쓰러뜨렸는데도 조금만 지나면 뿌리에서 다시 싹이 돋아난다. 도끼로 베는 정도로는 좀처럼 죽이기 어려운 나무다. 이 불사신 같은 이미지가 '달나라의 나무'로 자리잡게 된 것이다.

계수나무에 대한 우리 설화는 방귀를 소재로 한다. 방귀를 잘 뀐다고 자랑하는 사내가 방귀가 가장 세다는 건너 마을 아낙에게 대결을 신청했다. 두 남녀는 방귀로 절굿공이를 날려 두 마을 사이를 오가게 하다가, 둘 다 있는 힘을 다해 동시에 방귀를 뀌자 절굿공이는 결국 달까지 날아가 버렸다. 이 절굿공이가 달에서 뿌리를 내리고 자란 것이 바로 계수나무다.

　암수딴그루라서 그런지 계수나무는 꽃이 보잘것없다. 봄에 잎이 채 나기도 전에 불그스레한 꽃이 언제 피었는지도 모르게 살짝 피었다가 금방 사라진다. 암꽃이나 수꽃이나 꽃이라기보다는 마른 가지에 삐죽삐죽 돋아난 붉은 새순처럼 보인다.

　당나라 시인 왕유가 지은 〈春桂問答〉(춘계문답)에서 年光隨處滿 何事獨無花(연광수처만 하사독무화: 햇살 닿는 곳마다 꽃이 흐드러져 피었는데 어찌 너만 홀로 꽃이 없느냐)는 시인의 질문에, 계수나무는 風霜搖落時 獨秀君知不(풍상요락시 독수군지부: 찬 서리 갈바람에 흩날리며 잎이 질 때 나 홀로 꽃피우는 걸 그대 알긴 하는가)라고 자신있게 답한다. 계수나무의 존재는 가을에 드러나기 때문이다.

　계수나무는 가을을 가슴으로 확인시켜주는 나무다. 다른 나무에 단풍이 막 들기 시작할 무렵, 예쁜 하트 모양의 이파리를 이미 노랗게 물들여 놓고 솜사탕처럼 달콤한 향기를 날리기 시작한다. 꽃가루를 받으려고 곤충을 꾀는 것도 아니고 해충을 쫓는 화생방 공격도 아니다. 방귀쟁이끼리 벌이는 대결로 엄청난 방귀 세례를 받았으니 아직도 그 구수한 냄새가 배어 있는 것일까?

　가을이 되면 계수나무는 스스로 제사장이 되어 풍요를 나누는 경건한 향연(饗宴)을 준비한다. 한 해의 농사를 감사하며 빈 가슴 구석구석 가득 채우고 싶은 향기를 추석 차례상의 향연(香煙)처럼 피워 흐트린다. 그 향기를 맡을 때마다 가을의 풍요로움을 깨닫고 감사하는 법을 배우게 된다.

　그래서 〈가을에〉는 정한모 시인처럼 달을 보게 되고, "달에는/ 은도끼로 찍어낼/ 계수나무가 박혀 있다는/ 할머니의 말씀이/ 영원히 아름다운 진리임을/ 오늘도 믿으며 살고 싶습니다"고 고백하게 되는 것이다.

가죽나무

학명	*Ailanthus altissima* Swingle
분류	쌍떡잎식물 쥐손이풀목 소태나무과의 잎지는 큰키나무
분포지	한국, 중국
다른 이름	가중나무, 가짜중나무, 호안수(虎眼樹)

가족과 함께 나들이를 마치고 한 횟집에서 음식을 기다리다가 창문 밖을 본 적이 있다. 유독 한 나무가 눈에 들어왔는데 줄기가 많이 휘어 보기가 안쓰러웠다. 한눈에 봐도 초라한 인상을 주는 나무였다. 나중에 이름을 찾아보니 가죽나무였다.

스님들은 부처님의 말씀에 따라 육류를 먹지 않고 주로 나물을 먹는데 쌉싸래한 참죽나무의 순을 특히 좋아했다. 가죽나무의 순은 생김새가 참죽나무와 비슷하지만 냄새가 마치 스컹크의 방귀처럼 지독해 먹을 수가 없었다. 그래서 가짜 참죽나무라는 뜻에서 가짜 죽나무라고 하다가 나중에 가중나무(假鏳木) 또는 가죽나무라고 부르게 되었다.

🌱 내가 관찰한 나무의 모습

줄기는 지팡이를 짚은 할아버지처럼 굽었고, 가지는 제멋대로 자라 볼품없어 보인다. 잎 뒤에 사마귀처럼 볼록 튀어나온 점이 있는데 건드리면 며칠 동안 씻지 않은 발에서 나는 듯한 고린내가 난다. 6~8월에 피는 연푸른 꽃은 암수로 나뉘며 멀리서 보면 마치 터진 청포도가 달린 것 같다.

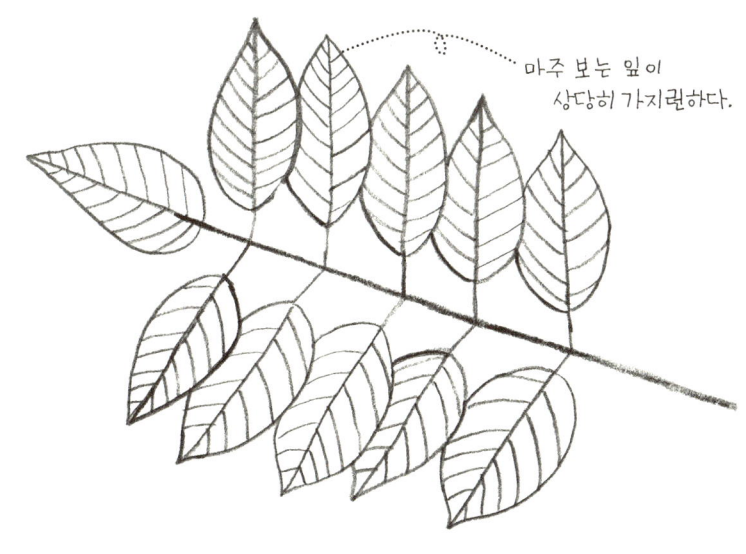

마주 보는 잎이 상당히 가지런하다.

힘없이 축 늘어진 새 깃털 같은 열매는 무더기로 달리며 9~10월에 적갈색으로 익는다.

다른 나무보다 용도가 적어 쓸모없는 나무로 취급받는다. 기껏해야 냄새가 고약한 잎으로 거미나 벼룩 또는 회충을 쫓는 정도다. 가죽나무는 가로수로 자라기도 하지만 황폐한 곳, 대기오염이 심한 곳에도 뿌리를 내리고 잘 자란다.

🌿 내가 조사한 나무에 얽힌 이야기

『장자』(莊子) 〈소요유〉(逍遙遊)에 따르면 장자의 친구 혜자(惠子)는 가죽나무가 아무 쓸모없어 걱정하고 있었다. 줄기는 혹이 많아 먹줄을 바르게 그릴 수 없고 가지들은 뒤틀려 자를 댈 수 없어 물건을 만드는데 적합하지 않기 때문이다. 장자는 가죽나무 밑에서 낮잠을 잘 수 있어 모든 사물은 쓸모 있다고 말해주었다.

🌿 나무를 보고 느낀 점

아무 쓸모가 없어 보이는 가죽나무도 알고 보면 전략적으로 살아가고 있다. 다른 나무처럼 열매가 맛있어서 따먹히거나 목재에 필요한 곧은 줄기를 베였다면 크게 번식하기 어려웠을 것이다. 어떻게 보면 비겁하지만 잃은 것 없이 이득을 보는 가죽나무의 전략은 매우 성공적이라 할 수 있다.

아낌없이 주지 않으려는 가죽나무

조선 초의 생육신(生六臣) 매월당 김시습은 수양대군이 어린 단종을 몰아내자 속세를 버리고 경주에 있는 금오산에 숨어 살았다. 어느 날 가죽나무 가지로 불을 지피다가 변변치 않고 졸렬한 사람들이 높은 관직을 독차지하고 있다는 소식을 전해 듣고 화를 버럭 내며 〈炭行〉(탄행)이라는 시를 지었다.

"가죽나무 숯은 성질이 질기고 약해서 불을 피워도 불꽃이 적고 겨우 일어났다가는 다시 사그러들어 음식을 해도 맛이 없다. 흡사 용렬하고 게으른 사람 같다. 뜻이 없는 자가 굽신거리는 모양 그대로다"(炭性疎脆 得火少炎熾 才起旋復滅 烹膳淡無味 恰如庸懦人 素無丈夫志).

그래서 선비들의 미움을 받았을까? 최승호 시인도 〈벌목〉에서 "밑둥이 텅 빈 거대한 가죽나무/ 그 병신 가죽나무는 베이지 않고/ 오래도록 신인(神人)처럼 거대하게 자랐다"며 굽은 나무가 남고 곧은 나무가 쓰러지는 현실을 가슴 아파했다.

가죽나무는 잡초처럼 아무 데서나 잘 자란다. 씨앗으로도 번식하고 뿌리로도 번식한다. 어디라도 뿌리를 내릴 만한 공간만 있으면 군말 없이 자리잡고 자라기 시작한다. 키도 크고 모양도 제법 멋있어 'Tree of Heaven'이라는 멋진 영어 이름도 얻었다.

그러나 재목은 쓰임새가 거의 없어 쓸모없는 나무의 대명사로 널리 쓰인다. '저력지재'(樗櫟之材)는 가죽나무나 참나무처럼 쓸모없는 재목을 일컫는다. 『조선왕조실록』을 보면 과거에 급제하거나 나이 들어 벼슬을 한 선비들이 '가죽나무 같은 쓸모없는 재질로 남다른 은혜를 입었다'고

임금님께 감사했다는 대목이 나온다.

그러고 보면 가죽나무는 정말 아무짝에도 쓸모가 없다. 잎에서 나는 냄새도 고약하다. 대부분의 나무나 풀의 이파리는 봄에 나는 어린 순을 데쳐 나물로 먹을 수 있는데, 가죽나무는 그마저도 허용하지 않으려는 듯 고약한 냄새를 피운다. 가죽나무와 닮았는데, 잎을 먹을 수 있는 것은 참죽나무다.

유독 장자(莊子)는 가죽나무를 사랑했다. 〈인간세편〉(人間世篇)을 보면, 석(石)이라는 목수는 제자에게 가죽나무는 아무리 크고 멋지게 자라도 재목으로 전혀 쓸데가 없다고 가르친다. 배를 만들면 가라앉고, 널을 만들면 금방 썩고, 그릇을 만들면 깨지고, 문을 만들면 진이 나오며, 기둥을 세우면 좀이 먹기 때문이다.

그날 밤 가죽나무가 목수의 꿈에 나타나 말했다. "아가위, 배, 유자는 열매를 뺏겨 욕을 당한다. 큰 가지는 부러지고 작은 가지는 찢어진다. 능력이 있으면 삶이 괴롭다. 나는 내가 쓸모없기를 구한 지 오래다. 쓸모가 있었다면 이렇게 크게 자랄 수 있었겠느냐!" 이에 목수는 무용지용(無用之用)의 도(道)를 깨달았다고 한다.

도종환 시인의 〈가죽나무〉는 "나는 내가 부족한 나무라는 걸 안다/ 내 딴에는 곧게 자란다 생각했지만/ 어떤 가지는 구부러졌고/ 어떤 줄기는 비비 꼬여 있는 걸 안다/ 그래서 대들보로 쓰일 수도 없고/ 좋은 재목이 될 수 없다는 걸 안다."

그래서 "다만 보잘것없는 꽃이 피어도/ 그 꽃 보며 기뻐하는 사람 있으면 나도 기쁘고/ 내 그늘에 날개를 쉬러 오는 새 한 마리 있으면/ 편안한 자리를 내주는 것만으로도 족하다/ … (중략) … / 누군가 내 몸의 가지 하나라도/ 필요로 하는 이 있으면 기꺼이 팔 한 짝을/ 잘라 줄 마음 자세는 언제나 가지고 산다/ 부족한 내게 그것도 기쁨이겠기 때문이다."

개암나무

학명	*Corylus heterophylla Fisch. ex Trautv.*
분류	쌍떡잎식물 참나무목 자작나무과 잎지는 작은키나무
분포지	한국, 일본, 중국, 러시아
다른 이름	산백과, 깨금나무, 처낭
꽃말	화해

태권도 학원을 다닐 때 밤에 단체로 뒷산에 담력훈련을 하러 갔다. 관장님이 2명씩 짝을 지어 10분마다 한 팀씩 올라가게 하셨다. 드디어 우리 팀 차례가 되어 꼭대기를 향해 출발했다. 손전등을 하나 들고 친구와 조심해서 올라가는데 바람에 흔들리고 무섭게 생긴 나뭇잎 때문에 깜짝 놀랐다. 친구가 그냥 나뭇잎이라며 진정시켜줬지만 밤에 계속 그 잎이 생각났다.

　도깨비방망이 이야기에서 도깨비는 나무꾼이 개암을 깨문 소리에 놀라서 도망간다. 개암은 개암나무의 열매다. 밤과 모양이 비슷하고 맛있지만 품질이 나빠 가짜를 뜻하는 '개'를 붙여 개밤이라고 하다 나중에 개암이 되었다.

🌱 내가 관찰한 나무의 모습
둘레가 톱니모양으로 둘러싸인 잎은 타원형이며 끝이 도깨비뿔처럼 뾰족하다. 꽃은 3월에 피는데, 암꽃은 마치 빨간 말미잘이 가지에 붙은 것

둘레에 톱니같이
뾰족한 물결무늬가 있다.

도깨비 뿔처럼
끝이 뾰족하다.

같고 수꽃은 누런 누에가 매달린 것 같다. 열매는 밤처럼 둥근 모양이고 9~10월에 갈색으로 익는다.

   개암은 단백질과 지방이 많아 기력을 돕고 식욕부진, 눈의 피로, 현기증을 치료하는 데 좋다. 우리나라에선 정월 대보름에 개암과 같이 단단한 껍질에 싸인 열매를 까먹으면 부스럼을 막는다는 풍습이 있다. 영국에선 나뭇가지와 잎으로 관을 만들어 머리에 쓰면 행운이 찾아온다고 믿는다.

🌿 내가 조사한 나무에 얽힌 이야기

그리스에도 개암나무에 대한 전설이 있다. 한 시녀가 공주의 맨얼굴을 본 죄로 사형을 당했다. 그때 피가 공주의 얼굴에 튀어 지워지지 않는 붉은 기미가 되었다. 공주는 탄식하다 죽었고, 그 무덤엔 잎에 붉은 반점이 있는 개암나무가 자랐다고 한다.

🌿 나무를 보고 느낀 점

도깨비방망이 이야기에 나오는 나무꾼은 개암을 깨물어 도깨비를 쫓아내 방망이를 얻었다. 그 소식을 들은 욕심쟁이도 같은 장소에서 개암을 깨물었지만 도깨비가 속지 않아 오히려 두들겨 맞았다. 만약 나라면 도깨비 얼굴에 있는 부스럼을 없애줄 테니 개암과 방망이를 교환하자며 협상을 할 것이다.

혹부리영감이 좋아하는 개암나무

혹부리영감은 깊은 산에서 길을 잃고 빈 오두막에 숨었다가 밤늦게 도깨비들의 잔치를 엿보게 된다. 배가 너무 고팠던 혹부리영감은 주머니에 넣어두었던 열매를 꺼내 도깨비들이 방망이를 치는 때에 맞춰 '딱' 깨물었다가 그 소리가 너무 커서 들키게 된다. 이 열매가 바로 개암이다.

도토리보다 조금 큰 밤이라고 할까? '질이 떨어진다'는 뜻의 접두사 '개' 뒤에 '밤'이 붙은 '개밤'이 '개암'으로 굳어졌다. 맛이 달고 고소하여 호두, 밤, 잣, 은행, 땅콩과 함께 정월 대보름에 단단한 견과류를 깨무는 부럼으로 인기가 높다.

냄새도 참 고소하다. 〈메밀꽃 필 무렵〉으로 유명한 소설가 이효석은 〈낙엽을 태우면서〉 "낙엽 타는 냄새같이 좋은 것이 있을까? 갓 볶아 낸 커피의 냄새가 난다. 잘 익은 개암 냄새가 난다"고 했다. 영어로는 '헤이즐넛'(hazelnut)이다. 헤이즐넛 커피는 커피 원두에 개암 추출물을 조금 섞거나 개암 향기를 가미하여 고소하게 만든 것이다.

개암나무는 산기슭 양지에서 쉽게 볼 수 있는 친근한 나무다. 어린이 손바닥만한 이파리 끝이 뭉텅 잘린 것 같은데, 그 가운데에 자존심처럼 뾰족 튀어나온 모습이 앙증맞다. 뾰족한 정도가 심한 것이 난티잎개암나무다. 잎의 끝부분이 갈라져 나뉜 모양을 '난티'라 한다.

옛날 그리스의 공주 코리포리는 자신의 맨 얼굴을 절대로 보지 말라는 명령을 어긴 시녀를 죽였다가 그 피가 얼굴에 튀어 붉은 기미가 생겼다. 흉한 얼굴을 한탄하다 죽은 공주의 무덤에서 자란 나무가 개암나무다. 그래서 개암나무 잎에 붉은 반점이 생겼다고 한다.

유럽에서는 사랑을 점칠 때 개암을 사용했다. 개암에 자신과 애인의 이름을 각각 써서 불에 넣은 뒤, 같이 튀거나 불에 타면 사랑이 이뤄지는 점괘로 여겼다. 또 두 연인 사이에서 고민할 때 두 연인의 이름을 각각 개암에 새겨 불에 넣은 뒤, 오래 타는 개암 쪽을 택했다.

켈트 신화에서 개암나무는 번개의 신 토르(Thor)에게 봉헌된 나무다. 그래서 개암나무는 번개를 맞지 않는다고 한다. 그리스 신화에서 전령 헤르메스의 지팡이는 개암나무로 만든 것이다. 그래서 개암나무 지팡이는 비를 내리게 하거나 수맥을 찾는 마법의 지팡이로 여겨졌다. 유럽에서 개암은 다산(多産)의 상징으로, 갓 결혼한 신랑신부에게 개암을 던지는 풍습이 있다.

세계 명작에도 자주 등장한다. 『걸리버 여행기』에서 걸리버는 거인이 던진 호박만한 개암에 맞아 죽을 뻔했다. 『지와 사랑』에서 골드문트는 배가 고파 설익은 개암을 줍고, 『크리스마스 캐럴』에서 스크루지 영감은 수북이 쌓인 개암을 보며 즐거웠던 추억을 떠올린다. 『채털리 부인의 사랑』이나 『제인 에어』에서 주인공들은 개암나무 숲에서 산책을 즐기고, 『폭풍의 언덕』에서 히스클리프는 연적(戀敵)의 갈비뼈를 개암처럼 부숴버리겠다고 위협한다.

개암에는 고소한 어린 시절이 담겨 있다. 한상숙 시인은 "뿔난 도깨비 전설 안고/ 야무지게 여문 개암"을 반가워하고, 박영길 시인은 〈개암나무 아래서〉 "잎새가 떠난 하늘" 아래, "높푸른 잎사귀의 손짓"을 보다가 "발갛게 달아오른/ 숨가쁜 매미 소리가 일고/ 개암나무 가지에도 여름이 익는" 것을 깨닫는다. 노천명 시인은 "개암을 까며 소녀들은/ 금방망이 은방망이 놓고 간/ 도깨비 얘기를 즐"기는 〈고향〉을 그리워했다.

요즘은 개암을 보기 어렵다. 개암나무는 흔하지만, 개암이 좀처럼 눈에 띄지 않는다. 어쩌다 본 개암도 푸석푸석 부실하다. 그렇게 많고 고소했던 개암은 다 어디로 갔을까? 도깨비가 사라졌기 때문일까?

회화나무

학명	*Sophora japonica* L.
분류	쌍떡잎식물 장미목 콩과의 잎지는 큰키나무
분포지	한국, 일본, 중국
다른 이름	학자수(學者樹)
꽃말	망향

초등학교 4학년 추석 때, 부산에서 오신 할아버지를 모시고 분당 중앙공원을 산책했다. 잠시 화장실을 다녀온 사이 할아버지께서는 주변에 있는 옛날 기와집을 구경하고 계셨다. 할아버지께선 집 옆에 있던 큰 나무를 보시더니 회화나무를 심은 집엔 선비가 살았다며 선비의 집이라고 추측하셨다. 안내판을 읽어보니 그곳은 한산 이씨 종가였다. 할아버지처럼 공부를 열심히 해 내 손자에게 많은 걸 알려주고 싶은 생각이 들었다.

회화나무의 꽃을 괴화(槐花)라고 하는데 중국에선 괴(槐)는 '회'로 발음하기 때문에 회화나무가 되었다. '槐'는 나무 목(木)과 귀신 귀(鬼)를 합한 것인데 나무가 귀신을 물리친다고 믿어 집이나 절 같은 곳에 많이 심었다. 옛날엔 회화나무를 심으면 유명한 학자가 태어난다고 믿어 학자수(學者樹)라고도 불렀는데 외국에선 그대로 번역해 Scholar Tree라고 부른다.

🌿 내가 관찰한 나무의 모습
물방울처럼 생긴 잎은 윤택이 나고 어린 가지는 비릿한 냄새가 난다. 연

윤이 나며 물방울 같은 느낌이 든다.

노란 꽃은 8월에 가지 끝에 피는데 마치 꽃대 삼지창과 꽃잎 방패가 같이 붙어 달린 것 같다. 노란 열매는 9~10월에 강낭콩들이 기다란 염주처럼 매달리고 안에는 1~4개의 씨앗들이 있다.

회화나무는 옛날부터 신선이 되게 하는 나무로 알려질 만큼 좋은 효능을 가진 나무다. 또 곧게 자라고 자유롭게 뻗어 학자의 기개를 상징한다. 옛날 양반들은 이사 갈 때 씨앗을 꼭 챙겨 갔는데 집 앞에 심어 자신이 학자임을 알리기 위해서였다.

🌿 내가 조사한 나무에 얽힌 이야기

옛날 당나라에 순우분(淳于棼)이라는 사람이 술에 취해 자기 집에 있는 회화나무 아래 그늘에서 낮잠을 잤다. 그는 꿈에서 개미나라 공주와 결혼하여 풍족하게 잘살고 있었는데 어느 날 적들이 쳐들어와 혼자 간신히 살아남았다. 잠에서 깬 순우분은 자신이 잠들었던 회화나무에 있는 구멍 안을 봤는데 그곳엔 꿈처럼 왕개미만 남아 있었다. 그래서 꿈같이 헛된 잠시 동안의 부귀영화를 남가일몽(南柯一夢)이라고 한다.

🌿 나무를 보고 느낀 점

집에 회화나무가 있는 걸 보니 순우분은 학자일 것이다. 회화나무는 순우분이 술만 마시고 놀다가는 진정한 학자가 될 수가 없는 걸 깨닫게 하기 위해 그런 꿈을 꾸게 만든 것 같다. 힘들 때마다 회화나무 밑에서 꿈을 꾸고 최고가 되기 위한 깨달음을 얻고 싶다.

위대한 성리학자를 꿈꾸는 회화나무

중국 당나라의 순우분(淳于棼)은 그의 집 남쪽 나무 그늘에서 깜박 잠이 들었다가 꿈에 괴안국(槐安國) 왕의 사위가 되어 20년 동안 남가군(南柯郡)의 태수로 부임하는 호강을 누렸다. 태수를 그만두고 돌아와 꿈을 깨보니 그 호강은 나무 밑둥 아래 개미나라에서 벌어진 일이었다.

고사성어 남가일몽(南柯一夢)에 등장하는 나무는 회화나무다. 회화나무는 한자로 괴목(槐木), 그 꽃은 괴화(槐花)라고 한다. '괴'(槐)의 중국어 발음이 '회'[huaái]여서, '괴화나무'가 '회화나무'로 불린 것으로 보인다. 느티나무도 槐木으로 표기하기 때문에 가끔 혼돈스런 경우가 있다.

회화나무는 선비의 나무다. 높고 크게 자라 위엄있고 수수한 꽃에서 오히려 귀티가 나며 가지를 뻗은 자세도 의젓하여 고결하고 상서로운 나무로 여겨졌다. 중국에서는 학자수(學者樹)라 부르고, 영어로도 'Chinese Scholar Tree'라 쓴다. 권세나 출세를 상징하기 때문에 과거에 급제하거나 큰 벼슬에서 물러날 때 심는 최고의 길상목(吉祥木)이다.

중국 주나라에서는 궁궐에 회화나무를 세 그루 심었다. 선비가 오를 수 있는 최고의 벼슬인 삼공(三公), 곧 영의정, 좌의정, 우의정을 상징한다. 우리나라 경복궁 광화문 앞의 회화나무 세 그루는 조선총독부 때문에 사라졌지만, 창덕궁 돈화문 앞 회화나무 세 그루는 여전히 위풍당당하다.

팔도의 선비들은 회화나무를 보고 진사(進士)의 꿈을 키웠다. 한여름에 가득 피었다가 우수수 지는 연노랑 꽃은 과거 시험이 얼마 남지 않았다는 신호였다. 퇴계 이황이 세운 도산서원에는 회화나무가 많다. 중국 베이징이나 싱가포르는 물론, 서울의 유서 깊은 동네의 가로수는 대개 회화나무다.

선비의 꿈은 신선이던가? 늙어 지혜로운 선비는 신선처럼 보인다. 회화나무는 신선의 나무다. 아름드리 자란 회화나무는 영험하고 신령스런 나무로 여겨졌다. 나무에 치성을 드리면 가문을 번창하게 하고 마을을 지켜주지만, 잘못 관리하면 큰 횡액을 당한다는 전설이 곳곳에 많다.

실제로 회화나무는 꽃, 열매, 껍질, 줄기, 뿌리 모두 신선이 되는 선약(仙藥)을 만드는 재료라고 할 만큼 훌륭한 약효를 지니고 있다. 조선 세종 때 발간된 『향약집성방』(鄕藥集成方) 같은 옛 의서(醫書)를 보면 회화나무는 최고의 약효를 자랑한다. 그 꿀은 가장 약효가 높고, 그 버섯은 선약을 만들며, 그 가지로 지팡이를 짚으면 중풍에 걸려도 낫는다고 할 정도다.

회화나무에는 스스로 소리를 내는 꽃, 곧 자명괴(自鳴槐)가 나무마다 한 송이씩 있다는 전설이 있다. 사람이 이 자명괴를 먹으면 신선이 되어 신통력을 얻을 수 있는데, 까마귀가 먼저 따먹고 인간세계의 길흉을 미리 아는 능력을 얻어 흉사가 닥칠 집 앞에서 까악까악 운다고 한다.

느티나무가 법을 지키는 나무라면 회화나무는 법을 만드는 나무다. 가지를 뻗을 때, 느티나무가 기하학적인 균형을 절묘하게 맞춰 나간다면, 회화나무는 거침없이 자유롭고 호방하게 팔을 쭉쭉 뻗는다. 회화나무 그늘 아래 누워 파란 하늘을 보면, 한 곳에 뿌리내려 여기저기 옮겨다닐 수 없는 몸의 한계를 극복하고, 호연지기(浩然之氣)를 꿈꾸며 경(敬)을 실천하는 위대한 성리학자의 모습을 보게 된다.

플라타너스

학명	*Platanus orientalis* L.
분류	쌍떡잎식물 장미목 버즘나무과 잎지는 큰키나무
분포지	한국, 북아메리카, 유럽 동부, 아시아
다른 이름	버즘나무, 방울나무
꽃말	천재, 용서

초등학교 6학년 여름방학, 무술에 관심이 많은 나를 위해 어머니가 종로2가에 있는 극장에서 〈점프〉라는 공연을 보자고 하셨다. 가족과 한창 재미있게 보고 저녁을 먹으러 가는 길에 줄기가 얼룩덜룩한 가로수를 봤다. 특이한 무늬 때문에 그 나무가 병에 걸린 줄 알고 안타까워했다. 그 사이에 앞서 간 가족을 따라잡으러 뛰어가는데 온통 똑같이 병든 그 나무들이 줄지어 있었다. 전염병이 도는 줄 알고 그곳을 빨리 벗어나고 싶었다.

플라타너스는 한국에선 버짐이 핀 것처럼 나무껍질이 얼룩덜룩해서 버짐나무라고도 하지만 보통 옛날 사투리로 부르던 그대로 버즘나무라고 한다. 북한에선 열매가 방울같이 생겼다 하여 방울나무라고 부른다. 하지만 버즘나무나 방울나무보단 주로 플라타너스로 알려져 있다.

🌿 내가 관찰한 나무의 모습
줄기는 흰색, 녹색, 갈색이 뒤섞인 담벼락 낙서처럼 얼룩덜룩하다. 줄기 껍질은 시간이 지날수록 조각이 나 떨어지는데 그 부분이 처음엔 하얗지

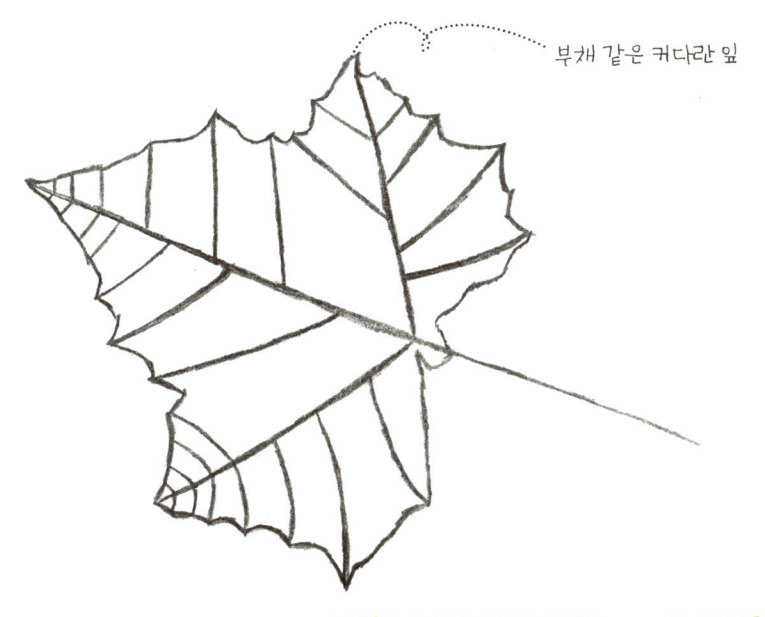

부채 같은 커다란 잎

만 점점 푸르게 변한다. 둘레가 뾰족뾰족한 부채 같은 잎은 가을에 노랗게 단풍이 든다. 암꽃과 수꽃은 4~5월에 잎과 함께 같은 나무에 핀다. 연푸른 열매는 9~11월에 흐린 노란색으로 익는데 탁구공이 나무에 달려 시간이 지나면서 색이 바뀌는 것 같다.

  플라타너스는 성장속도가 빠르고 대기 중의 오염물질을 흡수한 뒤 정화시키기 때문에 가로수로 많이 심었다. 하지만 요즘엔 씨에 있는 털이 사람들에게 피부병이나 알레르기를 일으킨다 하여 가로수로 심지 않는 편이다. 주로 씨앗으로 번식하지만 줄기를 꺾어 새로 심어도 잘 자란다.

내가 조사한 나무에 얽힌 이야기

일본에서는 플라타너스를 '스즈카케노키'라고 부른다. 수도승이 입는 옷은 마로 만들었는데 플라타너스 열매와 비슷한 방울이 달려 있다. 수도승이 입는 옷을 스즈카케라고 부르는 데서 유래했다. 그러므로 스즈카케노키는 '방울 걸린 나무'라는 뜻이다.

나무를 보고 느낀 점

플라타너스는 줄기가 얼룩덜룩한 것이 마치 영양실조에 걸린 것 같다. 가로수로 인기 많았던 자신이 알레르기를 일으킨다는 이유로 쓸모가 없어지고 오염물질을 너무 많이 흡수해 몸이 나빠진 듯하다. 스님처럼 산에서 좋은 공기를 마시고 수양을 하면 줄기가 보통 나무처럼 평범하게 되지 않을까?

플라톤의 이데아를 건설하는 플라타너스

 기원전 5세기께 아테네의 귀족 아리스토클레스(Aristokles)는 체격이 좋아 펠로폰네소스 전쟁에 참여했고, 레슬링을 즐겨 올림픽 경기에도 여러 번 출전했다. 그는 어깨가 넓어 동료들이 '플라톤'(Platon)이라 불렀다. 그리스어로 '넓다'(platys)는 뜻에서 유래한 애칭이다. 플라톤은 스무 살 때 거리에서 우연히 소크라테스를 만나 철학에 빠져들었다.

 플라톤의 『대화』 가운데 〈파이드로스〉(Phaidros)는 소크라테스와 파이드로스가 사랑을 주제로 나눈 대화를 정리한 것이다. 소크라테스는 거리에서 파이드로스를 만나 글을 읽기 좋은 곳을 찾다가 우람한 플라타너스 아래 앉아 대화를 시작한다. 아테네의 올림픽 경기장 부근에 있는 이 플라타너스는 지금도 그 '대화'의 흔적을 전해주고 있다고 한다.

 플라타너스는 플라톤의 나무다. 어깨가 넓은 플라톤과 마찬가지로, 플라타너스(Platanus)도 잎이 넓어서 붙은 이름이다. 영어로는 'Plane Tree'라 쓴다. 플라톤이 창설한 철학학원인 아카데메이아(Akademeia) 주변 숲에는 올리브와 플라타너스가 무성했다. 플라톤은 그 숲을 거닐면서 제자를 가르쳤다.

 플라톤은 그가 추구하는 이데아의 세계를 도형으로 설명했다. 아카데메이아의 정문에는 '기하학을 모르는 자는 들어올 수 없다'는 현판이 걸려 있을 정도다. 그래서 그런지 플라타너스의 절묘한 잎과 둥근 열매는 파란 하늘을 배경으로 기하학적인 아름다움을 연출한다.

 이데아를 실현하는 철인(哲人)은 거인일까? 플라타너스는 거인처럼 큰 손바닥으로 햇빛을 모아 구슬처럼 둥근 열매를 빚는다. 한여름 내내 손에 꼭 쥐고 보여주지 않을 만큼 소중했을까? 찬바람 부는 차가운 허공에 대롱대롱 매달린 열매는 이데아의 이정표처럼 신비롭다.

플라타너스는 플라톤의 이데아를 향해 자란다. 이솝 우화 〈나그네와 플라타너스〉에서 보듯, 넓고 무성한 잎은 그늘을 드리워 사람들을 불러들인다. 고대 그리스에서는 기원전 5세기께부터 플라타너스를 가로수로 심었고, 철학자들은 그 아래서 사색과 대화를 즐겼다.

플라타너스는 플라톤의 『국가』를 건설하는 가장 좋은 재료다. 거친 토양에서도 잘 자라고 추위와 오염에도 잘 버틴다. 이산화탄소를 흡수하고 산소와 수분을 많이 배출하여 도시를 시원하고 신선하게 만든다. 거리를 푸르게 만드는 효과(綠視率)도 탁월하다.

빈센트 반 고흐는 정신병원에서 〈큰 플라타너스〉를 그렸다. 그림을 그리면 그릴수록 현실에서 철저하게 외면당했던 그는 광기에 휩싸여 스스로 귀를 잘라버렸다. 정신병원에서 이불보를 뜯어 그릴 만큼 정열적인 이데아의 세계로 그를 인도한 것은 거리의 플라타너스였을까?

플라타너스가 펼치는 이데아의 풍경은 세계 명작에서도 잘 나타난다. 스탕달의 『적과 흑』에서 나폴레옹을 존경하는 야심찬 청년 줄리앙 소렐은 플라타너스 가지를 야만스럽게 잘라버리는 당국에 대해 분노하고, 뒤마의 『몽테크리스토 백작』은 자신을 17년 동안 억울하게 어두운 감옥에 가둬둔 검사에 대한 복수를 플라타너스 아래에서 시작한다.

카뮈의 『이방인』에서 뫼르소는 어머니가 돌아가신 다음날 아침 장례식장의 플라타너스 아래에서 신선한 흙냄새를 맡으며 해방감을 느낀다. 모파상의 『여자의 일생』에서 남편의 배신에 실망한 잔느는 플라타너스 아래에서 뛰놀며 즐거워하는 아이들의 모습을 상상한다.

오늘도 플라타너스와 같이 거리를 걷다보면 김현승 시인처럼 〈플라타너스〉에게 불쑥 물어보고 싶다. "꿈을 아느냐 네게 물으면,/ 플라타너스/ 너의 머리는 어느덧 파아란 하늘에 젖어 있다."

마로니에

학명	*Aesculus hippocastanum L.*
분류	쌍떡잎식물 이판화군 무환자나무목 무환자나무과의 잎지는 큰키나무
분포지	한국, 일본, 유럽 남동부
다른 이름	서양칠엽수
꽃말	성실, 정직

외삼촌을 만나 외식을 하러 나갔는데 갑자기 비가 오기 시작했다. 하필 우산이 없어 음식점으로 서둘러 가다가 큰 잎을 가진 나무가 눈에 띄었다. 그 나무로 빨리 달려가 제일 큰 잎을 뜯어서 머리 위에 쓰고 음식점까지 갔다.

마로니에는 한 잎자루에 잎이 7개가 있다. 열매엔 가시가 있어 가시칠엽수, 서양에서 왔다 하여 서양칠엽수라고도 불리지만, 주로 프랑스에서 부르던 이름 그대로 마로니에(Marronnier)라고 한다.

🌱 내가 관찰한 나무의 모습

긴 잎자루에 달린 푸른 잎은 길고 굵은 손가락이 달린 거인 손바닥 같다. 희거나 노란 빛을 띠는 붉은 꽃이 5~6월에 뭉쳐 고깔처럼 핀다. 공처럼 둥글고 가시가 듬성듬성 난 열매는 8월에 열리고 10~11월에 익는다. 독이 있는 열매는 골프공 같은 씨앗이 들어 있다.

어디서든지 잘 자라고 잎이 넓어 그늘을 만들어주며 나무의 모습이 아

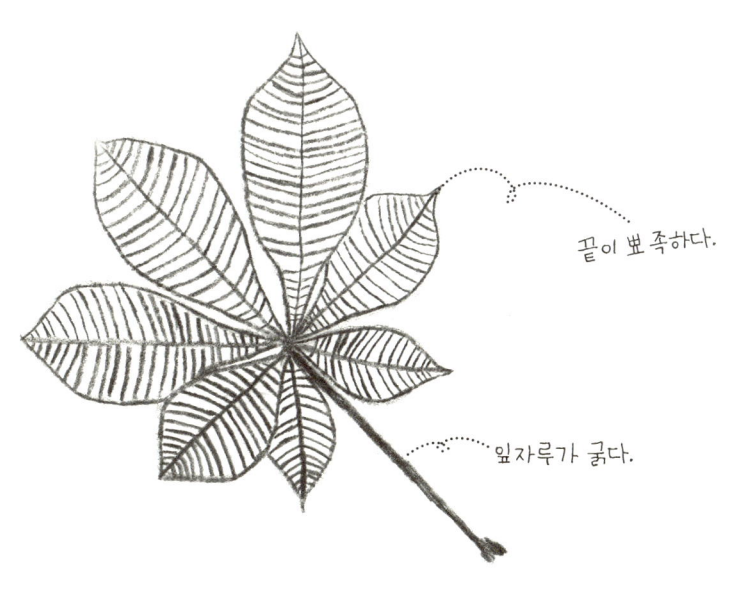

끝이 뾰족하다.

잎자루가 굵다.

름다워 마로니에는 세계 4대 가로수 중 하나로 알려져 있다.

🌿 내가 조사한 나무에 얽힌 이야기

마로니에의 영어이름은 Horse Chestnut. '말밤' 이라는 뜻이다. 옛날 페르시아에서 전쟁을 위해 기른 말들이 숨이 차는 병에 걸려 헐떡이고 있을 때 열매를 약으로 써서 이름이 붙었다고 한다. 잎이 가지에 붙은 곳이 말발굽같이 생겨 그렇게 불린다고도 한다.

🌿 나무를 보고 느낀 점

마로니에는 프랑스 파리에 있는 몽마르트 언덕의 가로수 덕에 유명해졌다. 주로 가로수로 심다가 그 근처에서 공연과 행사를 하다 보니 마로니에는 낭만과 문화를 상징하게 되었다. 가로수의 조건을 모두 만족시키고 낭만과 문화까지 표현하는 마로니에는 세계 제일의 가로수다.

사색의 그늘을 펼치는 마로니에

중앙아시아와 소아시아에서 유목 생활을 하던 투르크 족은 탁월한 기마 전술로 십자군 전쟁을 도발하며 중세 유럽을 공포에 빠뜨렸다. 그들은 말이 쉽게 숨이 차서 침을 흘리며 헐떡이는 폐기종을 앓을 때 밤처럼 생긴 큰 열매를 먹였다. 말밤(horse chestnut)이다. 프랑스에서는 말밤을 '마롱'(marron), 그 나무를 '마로니에'(marronnier)라 불렀다.

씨가 크고 무거운 나무는 서식지를 넓히기 어렵다. 마로니에는 비교적 따뜻한 발칸 반도 주변에 머물다가, 16세기 프랑스에서 가로수로 심기 시작하면서 유럽 전역으로 퍼졌다. 프랑스의 르네상스가 마로니에를 부흥시킨 걸까, 마로니에가 프랑스의 르네상스를 장식한 걸까? 잎이 넓고 품새가 좋아 지금은 플라타너스, 느릅나무와 함께 3대 가로수로 꼽힌다.

이파리도 크다. 거인의 큰 손바닥처럼 생겼다. 길고 넓적하게 생긴 가운뎃손가락이 가장 크고 양옆으로 갈수록 작아지는 형태로 일곱 손가락이 모여 있다. 마로니에는 해마다 커다란 이파리를 잔뜩 펼쳐 따가운 햇살 아래 시원한 사색의 그늘을 드리운다.

꽃도 크다. 오뉴월이면 무성한 거인의 짙푸른 손바닥 사이를 비집고 원뿔 모양의 예쁜 꽃초롱이 여기저기 쑥쑥 솟아난다. 커다란 손바닥 아래 사색의 그늘이 답답해서 태양을 향해 잠깐 고개를 치켜든 것 같다. 서양칠엽수는 붉은색, 일본칠엽수는 흰색 고깔처럼 생겼다.

초가을의 따가운 햇살은 그 커다란 잎사귀들을 누렇게 구웠다가 갈색으로 바싹 익혀놓는다. 마로니에가 늘어선 길은 구수한 낭만의 향기가 물씬 풍겨나는 것 같다. 특히 프랑스 파리의 몽마르트 언덕에 늘어선 마로니에가 유명하다. 화가들이 마로니에 그늘 아래 삼삼오오 모여 목탄으로 그림을 그렸기 때문이다. 이 목탄도 마로니에를 태워 만든 것이다.

빈센트 반 고흐는 군대에 입대하고 싶은 충동을 느꼈을 때 동생 테오에게 편지를 보내 "요즘은 분홍색 꽃이 핀 마로니에가 늘어선 산책로를 그리고 있다"고 근황을 알렸다. 고흐가 고갱을 비롯하여 드가, 피사로, 세잔, 모네, 쇠라 같은 당대의 화가들을 만난 곳도 마로니에가 피고 지던 몽마르트 언덕이다.

'파리의 참새' 라 불렸던 에디트 피아프는 어린 시절 끼니를 때우기 위해 몽마르트에서 샹송을 불렀다. '프랑스의 목소리'로 격찬을 받았던 그녀를 두고 당시 언론은 "안개와 마로니에 열매가 있는 가을의 냄새를 불러냈다"고 평했다.

헤르만 헤세의 『데미안』에서 싱클레어는 밤에 내리는 빗소리를 배경으로 마로니에 밑에서 데미안에게 비밀을 들켰던 부끄러운 기억을 떠올린다. 마르셀 프루스트의 『잃어버린 시간을 찾아서』에서 마르셀은 뜰에 있는 마로니에가 변덕스런 소나기에도 끄떡없이 화창한 여름을 지킬 것이라고 믿는다.

샬롯 브론테의 『제인 에어』는 숲에서 유부남 로체스터의 청혼을 수락한 뒤, 곁에 있는 마로니에가 바람에 뒤틀리며 신음하고 있는 것을 느낀다. 장 폴 샤르트르가 쓴 『구토』의 주인공 로캉탱은 공원에서 마로니에를 보고 모든 것은 존재의 이유가 따로 있는 것이 아니라 우연히 그곳에 그렇게 존재할 뿐이라는 사실을 깨닫는다.

오귀스트 로댕이 말년에 작업실로 쓰던 로댕미술관은 단정한 잔디를 배경으로 무성한 마로니에가 잘 어울린 정원이 유명하다. 〈생각하는 사람〉은 이 아름다운 정원에서 도대체 무엇을 생각하는 것일까? 마로니에가 펼친 사색의 그늘은 쇳덩어리(청동)도 생각하게 만드는 힘이 있는 것일까?

오동나무

학명	*Paulownia coreana Uyeki*
분류	쌍떡잎식물 합판화군 통화식물목 현삼과의 잎지는 큰키나무
분포지	한국
다른 이름	머귀나무
꽃말	고상

할아버지와 할머니를 모시고 거제도에 있는 몽돌 해수욕장에 놀러 갔다. 다들 물에 들어가 신나게 놀고 있는 사이, 아버지와 함께 약간 떨어진 방파제 위에서 낚시를 했다. 삼십 분이 지났는데 한 마리도 잡히지 않자 슬슬 열이 나기 시작했다. 문득 뒤를 돌아보다 부채처럼 아주 넓은 잎이 달린 나무를 발견했다. 아버지가 오동나무라고 말씀하시며 잎을 하나 떼어 부채처럼 흔들기 시작했다. 그 바람이 나에게도 오면 좋겠는데……

  오동나무는 옛날에 순우리말인 머귀나무라 불렸다. 한자로 하면 머귀 오(梧)와 머귀 동(桐) 즉 오동이다. 머귀나무가 오동나무가 된 뒤로 한자의 뜻도 벽오동나무 오(梧)와 오동나무 동(桐)으로 바뀌었다. 한국 특산 식물이기 때문에 학명에 'coreana'라고 했다.

🍃 내가 관찰한 나무의 모습

잎은 오각형이고 사람 얼굴보다 크다. 비가 올 때 잎을 우산처럼 쓰면 머리와 어깨 일부는 젖지 않을 정도다. 다섯 갈래로 갈라진 트럼펫처럼 생긴 꽃은 5~6월에 연보라색으로 핀다. 푸른 물방울처럼 생긴 열매는 10월

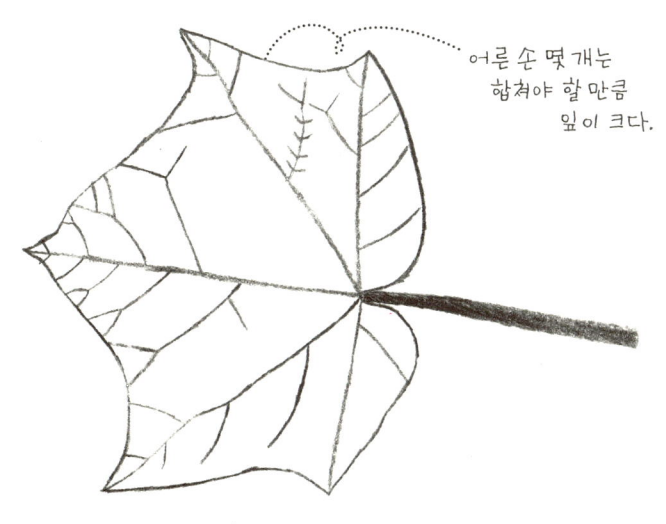

어른 손 몇 개는
합쳐야 할 만큼
잎이 크다.

에 갈색으로 익는다.

  목재는 가볍고 소리를 잘 전달하기 때문에 가야금이나 거문고 같은 민속악기의 재료로 많이 쓰였다. 실제로 삼국시대에 오동나무로 만든 가야금과 거문고를 사용했다는 기록이 있다. 나무껍질은 노란색을 내는 염료로 쓰이고 잎은 벌레를 쫓고 염증을 없애며 다친 피부를 보호하는 데 뛰어나다.

🌿 내가 조사한 나무에 얽힌 이야기

우리 조상은 아들을 낳으면 소나무를 심고 딸을 낳으면 오동나무를 심었다. 소나무는 아들이 장가가서 늙어 죽으면 관을 짤 때, 오동나무는 딸이 시집가서 쓸 장롱을 만들 때 쓰라는 부모님의 선물이다. 오동나무는 15년에서 20년 정도 자라면 목재로 쓸 만한데 가볍고 무늬가 아름다워 장롱으로 제작하기 좋기 때문이다.

🌿 나무를 보고 느낀 점

옛날엔 딸을 낳으면 아들처럼 대를 이을 수도 없다 하여 부모들은 많이 실망하곤 했다. 하지만 시간이 흘러 세상은 많이 바뀌었고 오히려 딸을 낳으려 하는 부모가 더 많아졌다. 요즘엔 딸을 낳는다면 무슨 나무를 심을까? 만약 오동나무를 심는다면 옛날처럼 장롱을 만들기보다는 딸이 일할 때 필요한 책상이나 편히 잘 때 쓰는 침대를 만들라는 뜻일 것이다.

이파리 한 장으로 세상을 바꾸는 오동나무

1519년 조선 중종 때 나뭇잎 한 장 때문에 정국의 주도권이 바뀌는 사건이 벌어졌다. 남곤과 홍경주가 이끄는 훈구파가 조광조(趙光祖)를 중심으로 하는 사림파를 몰아낸 기묘사화(己卯士禍)다.

사림파의 급진 개혁에 불안을 느낀 훈구파는 꿀을 묻힌 나뭇잎을 벌레가 갉아먹게 해 '走肖爲王'(주초위왕)이라는 글자가 나타나게 만들었다. 走와 肖를 합치면 趙(조)가 되기 때문에, 趙(조)씨가 왕이 된다는 의미다. 한자로 넉 자나 쓸 수 있었던 그 넓은 나뭇잎이 바로 오동잎이다.

오동잎은 한국에서 자라는 나무 가운데 잎이 가장 크다. 어른 손바닥을 여럿 모아야 할 만큼 커 웬만한 어린이 얼굴 정도는 쉽게 가릴 수 있다. 잎이 크다 보니 장마에 빗방울 듣는 소리가 요란하게 들리고, 낙엽 한 장 떨어져도 뭔가 크게 달라지는 것 같다.

너무 큰 손이 부끄러운 것일까? 오동나무는 가장 늦게 잎을 달고 가장 먼저 잎을 거둔다. 봄꽃들이 연이어 폭죽놀이를 하고 한창 신록을 꾸미는 5월에 부랴부랴 잎을 달기 시작해서, 다들 단풍잔치를 시작하려는 11월부터 재빠르게 잎을 떨구기 시작한다.

겨우내 벌거벗었던 오동나무는 늦은 봄 어느 날 갑자기 초롱처럼 생긴 고운 연보랏빛 꽃을 온몸 가득 걸어놓는다. 한 그루만 있어도 주변이 환하고 향기로운 듯하다. 가을엔 파란 하늘을 배경으로 쇠방울처럼 큰 열매를 여기저기 달아놓는다. 가을바람에 넉넉한 쇠방울 소리가 들리는 것 같다.

오동나무는 어깨가 넓고 큰 손을 가진 거인처럼 높이 자라 다른 나무들을 내려다본다. 키가 크고 손이 큰 거인은 성격이 너그럽고 유순하기 마련이다. 나무가 곧고 빨리 자라는데다 목재가 희고 가볍고 부드러우며 좀이 슬지 않아 가구를 짜는 데 좋다. 옛말에 딸을 낳으면 오동나무를 심는다고 했다. 딸이 시집갈 때 장롱 한 짝 짜줄 요량이다.

오동나무는 천년을 늙어도 항상 곡조를 품고 있다고 했던가?(桐千年老恒藏曲) 오동나무는 소리를 전달하는 특성이 뛰어나 악기를 만드는 데 썼다. 고구려 양원왕 때 왕산악이 오동나무로 만든 거문고를 연주할 때 검은 학이 날아들어 춤을 추었고, 신라로 망명한 우륵이 오동나무로 만든 가야금은 멸망한 가야의 한(恨)을 품은 슬픈 소리를 냈다고 한다.

이파리 한 장의 위력이 이렇게 크던가? 떨어지는 낙엽 한 장으로 가을이 왔다는 걸 알 수 있는 일엽지추(一葉之秋)의 이파리는 곧 오동일엽(梧桐一葉)을 뜻하고, 오동일엽은 곧 오동추야(梧桐秋夜)의 풍경이다. 달 밝은 가을밤, 바람도 없는 공간에서 오동나무 잎새가 아름다운 동선을 그리며 떨어지는 정중동(靜中動)의 풍경이 바로 오동동(梧桐動)이다.

만해 한용운은 "바람도 없는 공중에 수직의 파문을 내이며 고요히 떨어지는 오동잎은 누구의 자취입니까" 하며 〈알 수 없어요〉를 시작했다. 조지훈 시인은 "빈 대에 황촉불이 말없이 녹는 밤에/ 오동잎 잎새마다 달이 지는" 가운데 번뇌를 잊으려는 〈승무〉를 지켜보았다.

중국 송나라의 주자(朱子)는 권학시(勸學詩)에서 오동잎 한 장으로 가을이 왔다는 사실을 안다고 했다. 少年易老學難成, 一寸光陰不可輕. 未覺池塘春草夢, 階前梧葉已秋聲(소년은 늙기 쉽고 학문은 이루기 어려우니, 짧은 시간도 가볍게 여기지 말라. 못가의 봄풀은 아직 꿈에서 깨어나지 않았는데, 섬돌 앞 오동잎은 벌써 가을소리를 전하는구나). 아뿔사! 이젠 오동나무 이파리 한 장 떨어질 때마다 가슴이 철렁 내려앉을 것 같다.

느릅나무

학명	*Ulmus davidiana* var. *japonica* Nakai
분류	쌍떡잎식물 쐐기풀목 느릅나무과의 잎지는 큰키나무
분포지	한국, 일본, 중국, 러시아
다른 이름	느릅재기나무, 곰병나무, 팽목
꽃말	고귀함, 위엄

피아노 학원에 가려고 소방서 근처 작은 공원을 지나던 참이었다. 평소에 느티나무라고 알고 있던 나무에 느릅나무라고 이름표가 달려 있었다. 생전 처음 들어보는 나무 이름이라 잘못 쓰여 있는 줄 알았다. 느릅나무가 뭐야 ㅋㅋ…… 비웃으며 학원에 도착했다.

뿌리껍질을 물에 오래 담가두면 힘없이 늘어져서 느름나무라 하다 느릅나무라고 부르게 되었다. 학명 *Ulmus*는 켈트어로 영어인 elm과 같은 뜻이고 *davidiana*는 프랑스 선교사인 다비드 아르망(David Armand)이 19세기에 프랑스에 소개하여 붙인 학명이다. 서양에서는 엘름(elm)이라 하며 북유럽의 신화에도 등장한다.

🌿 내가 관찰한 나무의 모습

느릅나무는 한자로 느릅나무 유(楡)로 쓰며 껍질은 유피(楡皮), 뿌리껍질은 유근피(楡根皮)라고 한다. 꽃은 3~4월에 잎보다 먼저 연한 노란색으로 핀다. 보통 잎은 잎맥을 중심으로 좌우가 대칭인데 느릅나무 잎은 짝궁둥이처럼 한쪽이 크다. 동전이나 그릇 모양의 UFO처럼 생긴 열매는 5~6월에 녹색에서 갈색으로 익는다.

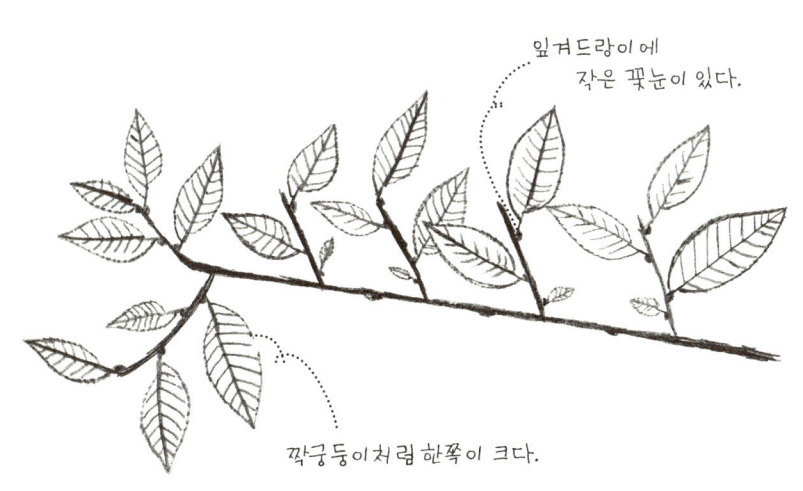

잎겨드랑이에 작은 꽃눈이 있다.

짝궁둥이처럼 한쪽이 크다.

유피와 유근피는 질겨서 서로 꼬아 밧줄을 만들었다. 봄에 나온 어린 잎은 먹을 수 있고 열매는 술로 담기도 한다. 목재는 건축재, 가구재, 선박재로 쓰인다.

🍃 내가 조사한 나무에 얽힌 이야기
옛날 고구려 평원왕이 어린 평강공주에게 계속 울면 바보 온달에게 시집을 보낸다고 놀렸다. 말이 씨가 되어 시집갈 나이가 된 공주는 온달의 집을 찾아가 아내가 되겠다고 했다. 그때 온달은 배고픈 어머니께 드리려고 느릅나무를 찾아 껍질을 벗기고 있었다. 온달은 평강공주와 결혼한 뒤 무술과 학예를 갈고 닦아 중국 오랑캐와 싸워 이겨 평원왕에게 인정받고 행복하게 살았다.

🍃 나무를 보고 느낀 점
옛날에 느릅나무 껍질은 약효가 좋아서 먹은 게 아니라 배가 고파서 먹었다. 바보 온달도 얼마나 배가 고팠으면 느릅나무 껍질을 벗겨 먹었을까? 가난한 사람은 배도 고프고 먹을 것도 없으니 나무껍질이라도 먹을 수밖에 없다. 그래서 그런지 느릅나무를 볼 때마다 가난한 사람들의 배고픔을 느끼게 된다.

울타리 밖에서 푸른 돈을 뿌리는 느릅나무

『삼국사기』를 보면 시집을 가기 위해 궁궐을 나온 평강공주가 온달을 찾아나서는 장면이 나온다. 공주가 물어물어 찾아갔지만, 온달은 나무껍질을 벗기러 산에 가고 없었다. 공주가 산 아래서 기다리다가 온달이 느릅을 잔뜩 지고 돌아오는 것을 보고 반갑게 다가가 혼인을 청했다.

보릿고개에 먹을 것이 없어 초근목피(草根木皮)로 연명하던 시절, 찢어지게 가난했던 온달이 늙은 어머니를 봉양하기 위해 껍질을 벗기던 나무가 바로 느릅나무다. 느릅나무는 속껍질을 벗기면 섬유질에서 콧물처럼 끈적끈적한 진이 나온다. 그래서 '코나무'라고도 한다. 느릅나무 껍질을 가리키는 느릅은 '힘없이 늘어진다'는 '느른하다'에서 유래했다.

느릅나무는 꽃이 보잘것없다. 이른 봄에 잎보다 먼저 피는 꽃은 마른 가지에 불그스름한 기운을 잠시 비쳤다가 금세 사라진다. 나무 덩치에 비해 이파리가 작아서 그럴까, 작은 톱니가 앙증맞은 잎은 깔끔하고 단정해 보인다. 그러나 잎자루를 쥐고 보면 가운데 잎맥을 기준으로 왼쪽 엉덩이가 짝궁둥이처럼 툭 튀어나와 엉뚱하다는 느낌을 준다.

열매는 둥근 엽전처럼 생겼다. 열매가 바람에 날리는 모습을 보면, 마치 하늘에서 엽전이 우수수 쏟아지는 것 같다. 한유(韓愈)는 隔牆楡葉散靑錢(격장유엽산청전: 느릅나무가 울타리 밖에서 푸른 돈을 뿌리고 있네)이라 했다. 가난해도 느릅나무 한 그루만 있으면 마음은 부자보다 풍요롭다.

느릅나무는 품새가 단정하고 아름답다. 우람한 줄기에서 사방으로 가지를 펼친 모습이 위엄 있는 듯, 자애로운 듯 정감 있는 기품이 넘친다. 큰 덩치에 비해 이파리나 줄의 무늬가 섬세하고 아기자기하며, 벌레 먹어 파인 썩은 구멍도 여기저기 생긴다. 그래서 그런지 느릅나무는 인생이나 생활에 얽힌 다양한 사연을 대변하는 소재로 자주 등장한다.

『장자』는 느릅나무를 자주 언급한다. 느릅나무에 사는 매미는 하루에 9만 리를 나는 대붕(大鵬)의 세계를 알 수 없다. 느릅나무에 앉아 노래하는 매미를 노리는 사마귀를 쪼려는 참새를 쏘려던 사람이 나무 아래 웅덩이에 빠졌다는 당랑규선(螳螂窺蟬)의 설화도 마찬가지다. 나무꾼은 〈금도끼 은도끼〉에서 느릅나무를 베다가 도끼를 연못에 빠뜨렸다.

최인훈의 연작소설 『소설가 구보씨의 1일』은 〈느릅나무가 있는 풍경〉으로 시작한다. '나무가 되고 싶은 화가' 박수근은 느릅나무 아래서 밀레의 도판을 보며 화가의 꿈을 키웠다. 〈나무와 여인〉 등 그의 작품에 등장하는 나무는 한결같이 느릅나무다.

게르만 신화 최고의 신 오딘(Odin)은 느릅나무로 여자를 창조했다. 그래서 느릅나무는 푸근하고 넉넉한 어머니의 이미지로 나타난다. 어릴 때 느릅나무 아래서 놀다가 그 그늘에서 인생을 설계하고 사랑을 속삭이다가, 늙어 그 그늘에서 느릅나무로 만든 의자에 앉아 손자들의 재롱을 즐기다가, 죽어서는 느릅나무 관으로 들어가 영원히 잠들게 된다.

루시 몽고메리의 『빨간머리 앤』에서 고아가 된 앤이 찾아간 곳은 커다란 느릅나무가 있는 배리 할머니 댁이었다. 마크 트웨인의 『톰 소여의 모험』에서 고아였던 톰과 허클베리 핀은 느릅나무 아래서 대화를 즐겼다. 유진 오닐의 『느릅나무 그늘의 욕망』에선 아들이 계모를 두고 아버지와 벌이는 재산과 성욕에 관한 갈등을 잘 보여준다.

김규동 시인은 "비오는 밤이면/ 후두둑 머리를 풀어헤쳐/ 귀신처럼 어린 가슴을 조이게 하던/ 오, 수많은 전설을 지닌"〈느릅나무에 기대어〉, "네 정다운 이야기를/ 넋나간 사람처럼 오래도록 듣고" 싶어했다. 느릅나무는 그 사연을 어떻게 다 알고 있을까? 우리는 잊고 지내지만 느릅나무는 풍경 속에 항상 존재하기 때문일 것이다. 어머니처럼……

메타세쿼이아

학명	*Metasequoia glyptostroboides Hu & W.C. Cheng*
분류	겉씨식물 구과목 낙우송과 잎지는 바늘잎 큰키나무
분포지	한국, 중국
다른 이름	수송(水松), 수삼(水杉)

부모님 결혼 13주년을 기념하기 위해 대나무 숲으로 유명한 전라남도 담양으로 놀러 갔다. 죽녹원(竹綠苑)을 가던 중 어떤 가로수 길에 키 큰 나무들이 쭉 늘어서 있었다. 푸르고 높게 뻗은 메타세쿼이아를 보니 내 마음이 시원하게 뚫렸다.

일본 교토 대학의 미키 시게루 박사가 1941년 일본의 오래된 흙층 속에서 처음 보는 식물 화석을 발견했다. 세계에서 가장 오래 살고 큰 나무인 세쿼이아와 비슷해 그 뒤를 잇는다 하여 그는 그리스어로 '뒤' 라는 뜻의 메타(Meta)와 세쿼이아(Sequoia)를 붙여 이름을 만들었다.

🌿 내가 관찰한 나무의 모습

가로등보다 훨씬 큰 메타세쿼이아는 붉은 빛을 많이 띤 갈색 껍질 옷을 입은 거인 같다. 깃털처럼 얇고 부드러운 잎은 가을에 연붉은 빛으로 물들어 잔가지와 함께 떨어진다. 4~5월에 푸른 암꽃은 한 가지에 하나씩 외롭게 피고 노란 수꽃은 가지 끝에 여럿이 와글와글 매달린다. 푸른 솔방울은

보기보다 잎이
연하고 부드럽다.

10~11월에 갈색으로 익어 여러 조각으로 갈라지며 씨를 뱉는다.

　공룡시대부터 살아와 자신을 방어하는 기능이 뛰어난 메타세쿼이아는 공해에 강하고 키가 커 그늘을 만드는 가로수로 알맞다. 그래서 담양의 메타세쿼이아 가로수 길은 여행지로 유명하다. 목재는 가볍고 결이 고와 실내방음장치나 포장재로 쓰고 가구나 연필을 만드는 데 이용한다.

🌿 내가 조사한 나무에 얽힌 이야기

1940년대 중반 중국의 한 산림공무원이 쓰촨성(四川省) 양쯔강(揚子江) 상류에서 키가 엄청 큰 나무를 발견했다. 중국 식물학자들이 그 나무를 조사하다가 미키 박사가 일본에서 발표한 식물 화석과 동일한 것을 발견해 메타세쿼이아가 세계에 알려졌다.

🌿 나무를 보고 느낀 점

메타세쿼이아는 빙하기에도 살아남은 침엽수다. 두꺼운 껍질 덕에 추위에 강하고 겨울눈을 미리 만들기 때문에 겨울을 쉽게 넘긴다. 빙하기같이 힘든 시기에도 살아남으려면 현재를 위한 두꺼운 껍질과 미래를 위한 겨울눈을 준비해놓아야겠다.

공룡 발자국 소리를 기억하는 메타세쿼이아

19세기 중반 미국 캘리포니아에서 금광이 발견되고 대륙횡단철도가 개통되어 서부 개척이 활기를 띠면서 울창한 원시림이 훼손되기 시작했다. 이에 연방정부는 1890년 시에라네바다 산맥 서쪽에서 키가 80미터가 넘는 레드우드(Redwood)와 빅트리(Bigtree)로 이뤄진 세쿼이아(삼나무) 원시림을 국립공원으로 지정했다. '세쿼이아'(Sequoia)는 체로키 알파벳을 개발하여 백인 문화를 받아들이는 데 기여한 체로키(Cherokee) 족의 혼혈 인디언이다.

세계 2차 대전이 한창이던 1941년, 중국 후베이성(湖北城)과 쓰촨성(四川城)을 가르는 양쯔강(揚子江) 상류의 마타오치(磨刀溪)에서 산림 공무원 왕전(王戰)은 높이 30미터가 넘는 거대한 나무가 무성한 원시림을 발견했다. 낙우송을 닮은 이 나무는 물을 좋아하여 수삼(水杉)나무로 불렸는데, 5년 뒤 중국지질학회지에 '메타세쿼이아'(Metasequoia)라는 이름으로 발표됐다. 세쿼이아를 뛰어넘는 나무라는 뜻이다.

공룡과 함께 중생대에 멸종한 것으로 여겼던 나무가 아직 살아 있다는 사실은 세계의 식물학자들을 깜짝 놀라게 만들었다. 1억 년 전 백악기에 공룡과 함께 살던 '화석나무'가 여러 번의 빙하기에도 멸종되지 않고 살아남아 현재 인류와 함께 생태계를 이루고 있는 것이다. 이런 살아 있는 화석나무로는 은행나무와 소철을 들 수 있다.

중생대의 새들은 메타세쿼이아에 즐겨 앉았을까? 가늘고 부드러운 잎이 촘촘히 모인 모습이 새 깃을 닮았다. 언뜻 보면 상록수 같지만, 가을이면 쇠붙이에 녹이 슬듯이 짙누렇게 물든 풍경이 중생대의 가을처럼 고

색창연하다. 메타세쿼이아는 잎이 하나하나 떨어지는 낙엽송(落葉松)과 달리 누런 깃이 통째로 뚝 떨어진다. '깃이 떨어지는 소나무' 곧 낙우송과(落羽松科) 나무의 특징이다.

줄기는 고고한 붉은 빛을 띤다. 송진이 거의 없어 불에 잘 타지 않기 때문에 웬만한 산불에는 겉만 그슬리는 정도다. 물을 워낙 좋아하기 때문에 웬만한 홍수에도 끄떡없다. 나무껍질이 두껍기 때문에 추위에도 강하다. 산불이나 홍수는 물론 여러 번의 빙하기에도 모질게 살아남았다.

직계 조상이 중생대까지 거슬러 올라가는 유서 깊은 집안의 내력일까? 메타세쿼이아의 꼿꼿한 자존심은 하늘을 찌를 듯이 높다. 자그마한 비굴이나 아첨도 허용하지 않으려는 듯, 허리를 곧추세우고 단정한 초록 원뿔 모양의 의연한 자태를 흐트리지 않는다.

김세진 시인은 "아득히 잠재워 온/ 무너진 그 백악기/ 솟구침을 꿈꾸는" 메타세쿼이아가 우는 "푸른 울음" 소리를 들었다. 임인규 시인은 〈메타세쿼이아〉가 "하늘을 닮고 싶어/ 정신없이 뻗어 올라/ 그 큰 키에 희망을 걸고/ 버티고" 선 모습을 부러워하고, 박라연 시인은 "그대는/ 누구의 혼인가/ 내 몸의 뼈들도 그대처럼/ 곧게곧게 자라서/ 뼈대있는 아이를 낳고 싶다"고 고백했다.

메타세쿼이아는 중생대 공룡의 발자국 소리를 아직 기억하고 있을까? 그들의 유전자는 지금 가로수가 되어 자동차 소리를 듣고 있는 것일까? 메타세쿼이아가 길게 늘어선 길을 걸으면 중생대를 어슬렁거리던 공룡이 된 듯한 느낌을 받는다. 오늘도 높다란 메타세쿼이아를 올려다 보며, 호원숙 작가의 수필집 제목처럼 '큰 나무 사이로 걸어가니 내 키가 커졌다' 는 걸 알게 된다.

느티나무

학명	*Zelkova serrata* Makino
분류	쌍떡잎식물 쐐기풀목 느릅나무과의 잎지는 큰키나무
분포지	한국, 일본, 몽골, 중국, 러시아, 유럽
다른 이름	규목(槻木)
꽃말	운명

어릴 때부터 집 근처 공원에서 많이 봐 익숙한 나무다. 키도 크고 둘레도 길어 그렇게 자라고 싶다는 생각이 들게 해준 나무다. 내가 다니던 초등학교 교목도 느티나무고 그 학교 도서관 이름도 느티나무 도서관이라 어린 나를 성장시키고 미래에 대한 꿈을 키워준 나무라 할 수 있다.

다 큰 느티나무는 몸집이 집채만 하고 5층 아파트만큼 높다. 성장이 늦어 '늦게 자라는 티'(늦은 티)가 난다 하여 늦티나무라 불리다가 느티나무로 바뀌었다. 오래 살아서 늦게 자라는 것처럼 보이는 건 아닐까 하는 생각이 든다.

🌿 내가 관찰한 나무의 모습

잎은 표면이 약간 까칠까칠한 편이며 가을엔 카멜레온처럼 붉거나 노랗게 바뀐다. 알록달록하고 팝콘같이 작은 꽃들이 5월에 핀다. 콩알처럼 작

작고 단정하다.

가장자리에 작은 톱니무늬가 있다.

고 푸른 마늘처럼 생긴 열매는 10월에 갈색 원반처럼 익는다.

튼튼한 줄기는 의지를, 골고루 퍼진 가지는 질서를, 단정한 잎은 예의를 상징한다고 하여 옛날부터 마을을 지켜주는 수호나무로 심던 나무다. 줄기는 재질이 강하고 질겨서 힘을 많이 받는 기둥으로 쓰였다. 잘 썩지 않고 무늬와 광택이 아름다워 건축, 기구, 악기의 재료로 쓰인다.

🌱 내가 조사한 나무에 얽힌 이야기

한 농부가 잔칫집에서 술을 과하게 마시고 개와 함께 집으로 가다가 풀밭에서 잠이 들었다. 갑자기 불이 나 주인이 위험해지자 개는 몸에 물을 적셔 불을 끄고 타 죽었다. 주인은 죽은 개를 위해 무덤을 만들고 곁에 지팡이를 꽂아두었다. 그 지팡이는 크게 자라 느티나무가 되었고, 오수(개 獒, 나무 樹)의 개라는 전설과 함께 그 마을은 오수마을(전라북도 임실군 둔남면)이 되었다고 한다.

🌱 나무를 보고 느낀 점

크고 오래 사는 느티나무가 우리 주변에 흔해서 왠지 친근하고 충성심이 있는 나무 같다. 설날이나 추석 또는 방학에 할아버지와 할머니를 뵈러 갈 때 느티나무를 보면 친근함은 배가 될 것이다. 느티나무처럼 천천히 크게 자라 모두를 지켜주는 수호나무가 되고 싶다.

튼튼한 배흘림을 자랑하는 느티나무

그리스에 있는 파르테논 신전은 '처녀의 집'이라는 뜻으로, 아테네 여신에게 바친 고대 그리스 최고의 건축물이다. 밋밋한 민기둥 여러 개를 나란히 세우면 기둥이 불안정해 보이는 착시현상을 해결하기 위해, 파르테논은 기둥 아래쪽 1/3 부분을 불룩하게 만드는 엔타시스(entasis) 기법을 사용했다.

우리나라에서도 부석사 무량수전을 비롯한 오래된 목조 건축물에서 엔타시스를 흔히 볼 수 있다. 이른바 '배흘림 기둥'이다. 고색창연한 무량수전은 우람한 나무를 베어 통째로 기둥으로 삼는다. 이렇게 통기둥으로 사용하는 나무는 대부분 느티나무다.

우람한 덩치에 꽃도 열매도 어찌 그리 볼품이 없을까? 꽃은 잎겨드랑이에 숨어 순한 녹색으로 살짝 피었다가 금세 자취를 감춘다. 좁쌀처럼 작은 열매는 가지에 붙은 쓸모없는 부스러기처럼 보잘것없어 보인다. 오죽하면 꽃을 피우거나 열매를 맺는 일에 별로 관심이 없다는 느낌마저 들 정도다.

느티나무의 매력은 단풍이다. 단풍이 '누런 나무'라는 뜻에서 눌이나모→눈이나모→누튀나모→느튄나무를 거쳐 느티나무가 되었다. 단풍이 꼭 누런 것은 아니다. 대개 갈색을 띠지만 누런 색에서 붉은 색까지 그 스펙트럼이 다채롭고, 아직 푸른 기운이 남아 있을 경우 이파리가 곱게 낡아 바스러져 떨어지는 과정을 한 풍경에서 관찰할 수 있다.

아름드리 자란 품새가 어찌 그리 넉넉하고 든든할까? 한여름에 푸른 잎을 구름처럼 풍성하게 이고, 수백 년의 역사를 그림자처럼 드리우고

서 있는 풍경은 자석이 쇠붙이를 잡아당기듯, 지나가는 사람을 끌어들인다. 사람들은 그 그늘 아래 모여 시간을 멈추고 가가호호 풀어낸 사연을 엮어 전설을 만들어냈다.

예쁜 꽃에 관한 전설은 대개 연인들의 애틋한 사랑에 관한 것이다. 느티나무는 꽃이 보잘것없어서 그런지 효도나 충성 같은 유교적인 덕목을 주제로 하는 전설이 많다. 예를 들면, 전북 임실에는 잠든 주인을 구하기 위해 몸에 물을 적셔 불을 끄다 죽은 개를 기리는 느티나무가 있고, 경남 의령에는 임진왜란이 일어나자 곽재우 장군이 북을 매달아 의병을 훈련시켰다는 느티나무가 있다.

넉넉하고 든든한 품성 때문일까? 느티나무는 결이 곱고 윤이 나며 단단할 뿐 아니라 허리의 곡선이 자연 그대로 든든한 배흘림을 잘 보여준다. 부석사 무량수전을 비롯해서 해인사 법보전, 구례 화엄사, 진주 촉석루의 기둥은 든든한 느티나무의 배흘림을 있는 그대로 이용한 것이다.

우리 민족의 정서를 가장 잘 대변하는 나무라고 할까, 느티나무는 어떻게 보면 우리나라에서 가장 평범한 나무다. 어디서나 잘 자라고 오래 살기 때문에 마을 구석구석 여기저기서 쉽게 볼 수 있다. 마을의 사랑방 역할을 하는 정자나무나 마을의 수호신으로 제사를 지내는 당산나무는 물론, 학교나 기관을 상징하는 나무도 대개 느티나무다. 천연기념물로 지정된 나무는 물론, 보호수(保護樹)나 노거수(老巨樹)도 느티나무가 많다.

그래서 우리 민족은 느티나무로 지은 집에서 살다가 느티나무로 만든 관에 묻히고 싶다는 소박한 희망을 품었을까? 든든한 느티나무 배흘림 기둥에 기대 또 다른 천년을 꿈꾸려는 것일 게다. 그러다 보니 하늘에서 내려온 단군왕검이 제사를 지낸 신단수(神壇樹)도 박달나무가 아니라 느티나무일 것이라는 주장이 한결 타당해 보인다.

팥배나무

학명	*Sorbus alnifolia* K. Koch
분류	쌍떡잎식물 장미목 장미과의 잎지는 큰키나무
분포지	한국, 일본, 중국
다른 이름	물앵두나무, 벌배나무, 산매자나무, 운향나무
꽃말	매혹

친구들과 집으로 가다가 화단 둘레에 있는 반원형 쇠울타리 위를 누가 더 많이 걸어가는지 내기를 했다. 몇 발짝 못 가 떨어진 친구들이 많아 이길 거라고 확신하고 울타리 위를 올라갔다. 부담을 느꼈는지 나도 몇 걸음 가다가 균형을 잃고 미끄러지면서 옆에 있는 나뭇가지를 잡아 훑었다. 손을 펴보니 부스러진 잎 몇 장과 붉은 열매들이 한 움큼 보였다.

　하얀 꽃은 배꽃을 닮고, 붉은 열매는 팥과 비슷하다 하여 팥배나무라고 한다. 학명에서 *sorbus*는 열매가 떫기 때문에 켈트어로 '떫다' 는 의미인 sorb에서 유래했다. *alnifolia*는 alnus 즉 끝이 뾰족한 타원형 잎사귀가 오리나무 잎과 비슷해서 학명에 붙었다.

🌿 내가 관찰한 나무의 모습

잎은 햇빛을 머금은 푸른 립스틱을 바른 것처럼 윤이 나며 입꼬리가 한 쪽으로 비뚤어진 입술 같다. 또 잎줄기가 선명하고 둘레에 날카로운 톱니가 있다. 5월에 뭉쳐 피는 하얀 꽃은 나무에 별 모양 팝콘이 모여 달린 것 같다. 앵두만한 푸른 열매는 9~10월에 붉게 익고 표면에 하얀 반점이 있다.

잎줄기가 선명하고 잎 둘레에 톱니무늬가 있다.

잎, 꽃, 열매가 아름답고 조화를 잘 이루어 공원에 많이 심는다. 목재는 단단하고 결이 좋아 가구의 재료로 사용된다. 나무껍질은 한지에 염색을 할 때 사용했다고 한다.

🌿 내가 조사한 나무에 얽힌 이야기

팥배나무는 한자로 감당(甘棠)이라고 하는데 고사성어 감당지애(甘棠之愛)에 얽힌 이야기가 있다. 옛날 연나라 소공(召公)은 항상 팥배나무 밑에서 백성들을 다스렸다. 소공이 죽자 백성들은 소공에게 존경을 표하기 위해 시를 짓고 팥배나무를 정성스럽게 가꾸었다. 팥배나무를 사랑하는 것은 정치를 잘하는 사람에 대한 존경을 표한다는 뜻이다.

🌿 나무를 보고 느낀 점

꽃이 배꽃을 닮아 나중에 배같이 큰 열매가 열릴 거라고 기대하게 된다. 근데 막상 팥처럼 작은 열매가 열리면 김이 새지만 그래도 팥죽을 끓여먹을 수 있을 거라고 다시 기대를 한다. 하지만 보기와는 달리 팥맛이 나지 않는 열매를 먹는 순간 뱉어버리고 싶은 마음이 든다. 새는 대체 무슨 맛으로 이 열매를 먹을까?

새를 보고 싶을 때 심는 팥배나무

태조 이성계가 역성혁명(易姓革命)을 일으켜 조선을 세우자 고려의 문신 72명과 무신 48명이 새 왕조를 섬기기 거부하고 경기도 개풍군의 송악산 자락에 있는 두문동(杜門洞) 깊숙이 들어가 나오지 않았다. 태조는 이들을 회유하다 지쳐 화가 난 나머지 불을 질렀는데 모두 타죽고 7명만 살아남아 강원도 정선군 고한의 또 다른 두문동에 숨어 살았다.

'두문불출'(杜門不出)이라는 고사성어가 만들어진 현장이다. 杜는 '팥배나무 두', '막을 두'라는 뜻을 갖고 있다. 두문동은 팥배나무가 무성하여 산이 깊고 험해 사람이 살기에 어려운 동네다. 팥배나무는 큰 나무 사이에서 햇볕이 부족해도 문제없고 추위에도 잘 견디며 거친 땅에서도 잘 자란다.

꽃은 하얀 배꽃을 닮고, 열매는 붉은 팥처럼 생겼다. 그래서 팥배나무다. 봄에 꽃이 피면 시원한 배가 먹고 싶고, 가을에 열매가 흐드러지면 팥죽이 생각난다. 특히, 늦가을 저녁 어스름에 팥배나무를 배경으로 붉은 팥색 노을이 쌀쌀한 공기를 타고 번지면 따뜻한 팥죽 한 그릇이 더욱 궁금해진다.

팥배나무는 선비의 덕을 기리는 나무다. 중국 연나라 시조인 소공(召公)이 팥배나무 아래서 선정을 베풀었는데, 소공이 죽자 백성들은 팥배나무를 정성스레 가꾸었다. 고사성어 감당지애(甘棠之愛)에 얽힌 이야기다. 『시경(詩經)』을 보면 '소공이 멈추신 곳이니 성성한 팥배나무를 자르지도 꺾지도 휘지도 말라'라는 구절이 있을 정도다. 의유당 남씨가 쓴 『관북유람일기』는 평양 영명사(永明寺) 득월루(得月樓)에서 달빛

그윽한 팥배나무 그늘을 배경으로 태평성대를 노래한다.

오랫동안 두문불출하던 문태준 시인은 〈팥배나무〉를 보고 부모님의 얼굴을 떠올린다. "햇살에 그을리고 바람에 씻겨 쪼글쪼글해진 열매들/ 제 몸으로 빚은 열매가 파리하게 말라가는 걸 지켜보았을 나무/ 언젠가 나를 저리 그윽한 눈빛으로 아프게 바라보던 이 있었을까/ 팥배나무에 어룽거리며 지나가는 서러운 얼굴이 있었네."

'새를 보고 싶으면 나무를 심어라'는 말이 있다. 팥배나무는 사촌인 콩배나무와 돌배나무를 비롯하여 아그배나무, 백당나무, 마가목과 함께 대표적인 집조수(集鳥樹)로 꼽힌다. 열매는 팥죽이나 팥떡을 생각나게 할 뿐 아무 맛이 없지만 겨울을 준비하는 텃새에게는 팥소처럼 빠뜨릴 수 없는 음식이다."

조용한 숲 속에서 새소리를 듣고 두리번거려 보면, 팥배나무 가지가 흔들리며 새들이 열매를 쪼는 것을 볼 수 있다. 그런데 새는 갑자기 어디로 갔을까? 오규원 시인의 〈새와 집〉을 보면, "산뽕나무 저편 팥배나무에서/ 문득 날아오른 새 한 마리는/ 남쪽의 푸른 하늘에 몸을 숨기더니/ 다시 나타나지 않는다."

새를 찾아 "산을 내려오다 그만/ 길을 잃고 말았습니다./ 늙은 나무의 흰 뼈와/ 바람에 쪼여 깡치만 남은 샛길이/ 세상으로 난 출구를 닫아걸고 있었습니다." 손세실리아 시인은 〈저문 산에 꽃燈 하나 내걸다〉에서 팥배나무가 길을 막는 깊은 숲 속에서 "팥배나무 잎맥에 파인 바람의 지문"을 본다.

'두문불출'한 선비들도 팥배나무에 앉은 새들을 보았을 것이다. 모셨던 분의 선정을 기억하고 부모님의 서러운 얼굴을 떠올리며, 새가 날아가는 곳을 눈으로 좇았을 것이다. 팥배나무를 볼 때마다 송창식의 노래 〈새는〉을 흥얼거리게 된다. "새는 노래하는 의미도 모르면서/ 자꾸만 노래를 한다./ 새는 날아가는 곳도 모르면서/ 자꾸만 날아간다."

떡갈나무

학명	*Quercus dentata* Thunb.
분류	쌍떡잎식물 이판화군 참나무목 참나무과의 잎지는 큰키나무
분포지	한국, 일본, 중국, 타이완, 몽골
다른 이름	가랑잎나무, 참나무
꽃말	독립, 용기, 공명정대, 강건

중학교 1학년 때 가고 싶었던 대학교 중 하나였던 서울대학교가 궁금해 구경을 하러 갔다. 아버지와 함께 학교 뒤에 있는 관악산을 오르다가 등산로에 도토리들이 널려 있는 걸 봤다. 통통한 놈, 길쭉한 놈, 갸름한 놈들이 여기저기 숨어 있었다. 그중 통통한 놈이 떡갈나무의 것이다.

민속학자에 따르면 떡갈나무는 잎으로 떡을 싸서 쪄먹은 데서 이름이 유래한 것이다. 그러나 잎을 덮개로 사용해서 덥갈+나무=떡갈나무로 변한 것이라고 주장하는 국어학자도 있다. 어떤 사람들은 잎이 떡처럼 두꺼워 그렇게 이름이 붙었다고도 한다. 이처럼 떡갈나무의 어원은 확실하지 않아 여러 가지로 추정할 수 있다.

🌱 내가 관찰한 나무의 모습

굴참나무나 갈참나무 같은 참나무과 나무 중에선 잎이 제일 크고 두껍다. 잎은 윗부분이 넓지만 잎자루로 갈수록 좁아진다. 짙은 초록색 잎은 나중

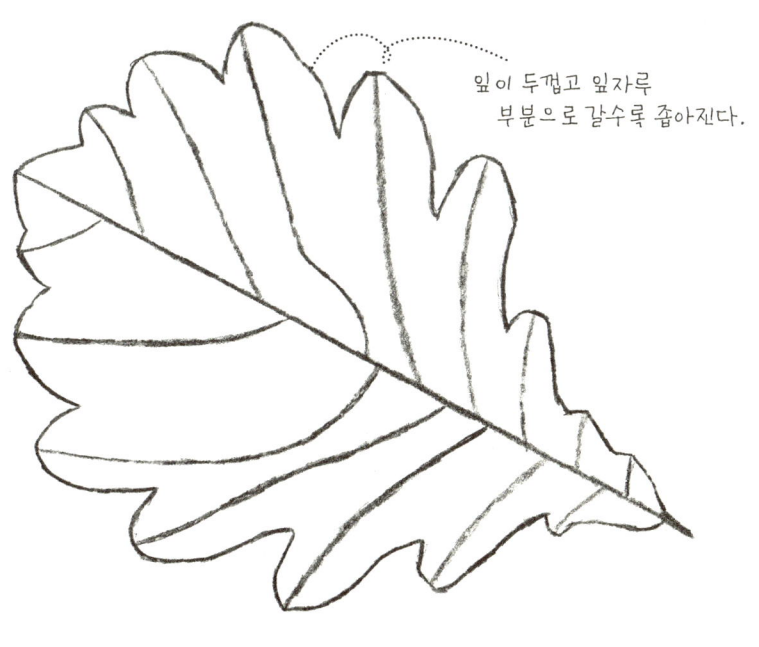

잎이 두껍고 잎자루 부분으로 갈수록 좁아진다.

에 단풍이 들어 갈색으로 바뀐다. 노란 꽃은 4~6월에 피는데 마치 다 먹고 남은 옥수수속 같다. 열매는 10월에 도토리 깍지에서 빠져 나오는데 마치 대머리인 사람이 가발을 벗은 것처럼 생겼다.

옛날부터 사람들이 배고플 때 도토리로 묵을 만들어 먹었는데 지금도 식용으로 사랑받고 있다. 도토리묵은 중금속을 해독하는 데 탁월하기도 하지만 수분이 많고 칼로리는 적어 요즘에 관심을 끄는 다이어트 식품이다. 떡갈나무는 목질이 단단하여 주로 가구, 마루판, 선반을 만드는 데 쓴다.

🌱 내가 조사한 나무에 얽힌 이야기

인형극단에서 받은 금화를 땅에 심으면 더 많이 얻을 수 있다는 도둑들의 속임수에 빠진 피노키오는 숲에서 괴한들에게 붙잡힌다. 피노키오가 입 속에 금화를 감추자 괴한들은 금화를 빼내기 위해 커다란 떡갈나무에 피노키오를 거꾸로 매달았다. 피노키오는 파란 머리카락을 한 떡갈나무 요정의 도움을 받아 풀려날 수 있었다.

🌱 나무를 보고 느낀 점

피노키오는 소나무로 만들었다. 만약 떡갈나무로 만들었다면 어떨까? 몸과 마음이 약한 피노키오가 떡갈나무의 단단한 목질처럼 튼튼해지지 않을까? 솔잎처럼 뾰족한 코와 까칠한 성격 대신 떡갈나무 잎처럼 넓은 코와 부드러운 마음을 가지지는 않을까? 몸도 튼튼하고 마음씨도 착하니 아마 누구에게나 사랑받는 아이가 되었을 것이다.

토끼와 거북이가 경주를 벌인 떡갈나무

피노키오는 인형극단에서 받은 금화 다섯 닢을 땅에 심으면 더 많은 금화가 열린다는 꾐에 빠져 여우와 고양이를 따라가다가 숲 속에서 괴한에게 붙잡혔다. 피노키오가 입속에 금화를 감추자 괴한들은 입을 벌리게 하려고 커다란 나무에 피노키오를 거꾸로 매달았다. 불쌍한 피노키오가 매달렸던 이 나무가 바로 떡갈나무다.

떡갈나무는 신갈나무, 갈참나무, 졸참나무, 굴참나무, 상수리나무 같은 참나무(oak)의 맏형이다. 사실 떡갈나무는 덩치가 그리 큰 편도 아니고, 쉽게 눈에 띄는 나무도 아니다. 영어 'oak'를 그냥 '떡갈나무'로 번역했기 때문에 참나무의 대명사로 꼽힐 뿐이다.

굳이 꼽는다면 떡갈나무는 참나무 가운데 잎이 가장 크고 두꺼우며 색이 짙다. 이파리 뒤에 잔털이 촘촘하게 나 있어 떡이 서로 달라붙지 않기 때문에 떡을 싸서 쪄 먹을 때 사용했다. 그래서 '떡갈나무'라는 이름이 붙었다고들 한다. 그러나 사실, 큰 잎을 덮개로 쓰는 나무, '덮갈나모'가 '떡갈나무'로 바뀐 것이다.

이파리가 크다 보니 활엽수의 대표명사가 됐다. '가랑잎' 또는 '갈잎'은 떡갈나무 잎을 가리키지만, 넓은 잎을 지칭하기도 한다. '가랑잎으로 눈 가린다', '갈잎이 솔잎더러 바스락거린다 한다', '송충이는 솔잎을 먹어야지 갈잎을 먹으면 안 된다'는 속담 모두 떡갈나무에서 비롯된 것이다. 김소월 시인의 〈엄마야 누나야〉에서 "뒷문 밖에는 갈잎의 노래"도 떡갈나무 잎이 바스락거리는 소리다.

참나무는 모두 도토리를 맺는다. 아무리 '도토리 키재기'라고 하지만,

도토리도 서로 다르다. 상수리는 통통하고 굴참 도토리는 굵으며 졸참 도토리는 갸름하다. 떡갈 도토리는 털모자 같은 짙은 깍지를 쓰고 있다. 깜찍하고 귀여운 도토리 덕분일까? 떡갈나무는 동화에 자주 등장한다.

떡갈나무가 무성한 유럽의 숲은 피하고 싶은 두려움의 공간이었다. 그림 형제의 〈빨간 모자〉는 할머니 문병을 가다 숲에서 늑대와 마주치고, 계모에게 버림받은 〈헨젤과 그레텔〉은 숲에서 길을 잃고 마녀를 만나게 된다. 마테를링크의 〈파랑새〉에서 치르치르와 미치르는 숲의 나라에서 나뭇꾼의 아이라는 이유로 떡갈나무 요정에게 괴롭힘을 당한다. 숲의 요정들이 쓰고 있는 모자는 대개 떡갈나무 이파리다.

떡갈나무는 그 잎과 열매로 거름을 만들거나 짐승을 길렀으며, 그 목재로 집을 지어주었다. 톨스토이의 〈바보 이반〉은 숲에서 만난 작은 악마에게서 떡갈나무 잎을 비벼 금화를 만드는 마법을 알아냈다. 나무에 매달린 피노키오를 구해준 파란 머리의 요정은 떡갈나무의 요정이다.

이솝 우화 〈토끼와 거북이〉는 떡갈나무까지 누가 먼저 가느냐 내기를 벌였고, 〈떡갈나무와 갈대〉는 세찬 폭풍에 맞서다 뿌리뽑힌 떡갈나무와 고개를 숙여 살아남은 갈대의 교훈을 알려준다. 괴테의 『파우스트』는 떡갈나무가 힘차게 솟은 태고의 숲을 칭송하고, 단테는 『신곡』에서 신의 숲에 있는 떡갈나무를 벤 죄로 벌을 받는 연옥의 모습을 설명했다.

루소는 『사회계약론』에서 "한 무리의 농부들이 떡갈나무 그늘에 모여 국가의 여러 문제를 결정하고 현명하게 행동"하는 '떡갈나무 밑의 민주주의'를 설파했다. 생텍쥐페리는 "한 그루의 떡갈나무를 심으면서 바로 그 그늘에서 쉬려는 희망을 품어서는 안 된다"고 충고했다. 헤세는 〈가지가 잘린 떡갈나무〉를 보며 "수천 번도 더 잘린 나뭇가지에서 나는 끈질기게 새 잎을 내민다. 아무리 고통스러워도 꿋꿋이 나는 이 미친 세상을 사랑하고 있다"고 고백했다. 떡갈나무 그늘에 누우면 참 많은 것을 배울 수 있겠다.

이깔나무

학명	*Larix gmelinii* var. *principisruprechtii*
분류	겉씨식물 구과식물아강 구과목 소나무과의 잎지는 큰키나무
분포지	한국, 중국, 일본
다른 이름	잎갈나무
꽃말	대담

외할아버지와 외할머니가 오셔서 함께 양평 한화리조트에 놀러 갔다. 아침을 먹고 뒷산을 산책하면서 줄기가 아주 곧게 뻗은 소나무가 갈색 단풍이 든 걸 봤다. 여태까지 소나무는 365일 푸르다고 알고 있던 나에겐 새로운 경험이었다. 갑자기 굵은 소나기가 내리기 시작해서 빗방울을 맞은 잎들이 떨어지니 흙비가 내리는 것 같았다.

🌿 내가 관찰한 나무의 모습

이깔나무는 다른 침엽수와 달리 낙엽이 지기 때문에 '잎을 간다' 라는 뜻의 잎갈나무라고 불렸다. 그런데 사람들이 잎갈나무를 발음대로 부르다 보니 이깔나무로 변한 것이다. 끝이 뾰족한 모자를 고깔이라고 하는 것처럼 잎이 뾰족해서 이깔이 되었다고도 한다.

회색빛 도는 곧은 줄기는 자라면서 점점 붉어지는데 유연성이 좋아 절대 휘거나 구부러지지 않는다. 푸른 바늘을 닮은 잎들은 봄에 태어난 뒤 마치 시한부 판정을 받은 것처럼 가을에 몸이 약해져 바닥으로 떨어진다. 작은 복제장미처럼 생긴 붉은 꽃은 4월에 피며 9~10월에 노란빛을 띠는

동서남북을 가리키는 나침반 같다.

갈색 열매로 익는다.

  20세기 초반에 일본은 우리에게 이깔나무를 도움을 많이 주는 나무 즉 '경제수'(經濟樹)라 하고 많이 심으라고 권장했다. 다 자란 나무는 바람을 막아주고 키가 커 전봇대로 쓰였으며 목재는 건축재로도 좋다. 높고 곧게 자라며 단단하기 때문에 선로 아래에 반듯하게 깔아 안전하게 해주는 침목으로 많이 쓰였다.

🌿 내가 조사한 나무에 얽힌 이야기

이깔나무는 일제시대 때 우리나라에 들어온 일본이깔나무를 한 공무원이 낙엽송이라 불렀는데 지금은 일반적인 이름이 되어버렸다. 낙엽송(落葉松)은 글자 그대로 낙엽이 지는 소나무란 뜻이다. 이깔나무는 고향이 북한이고 추운 곳에서 자라 우리나라에 많이 살지 않지만 일본이깔나무는 우리나라에 흔히 보여 간혹 헷갈릴 때가 있다.

🌿 나무를 보고 느낀 점

이깔나무는 침엽수인데도 불구하고 가을에 낙엽이 진다. 소나무보다 더 푸르게, 대나무보다 더 곧게 자라는 것이 바로 이깔나무다. 이깔나무처럼 반듯하고 건강하게 자라며 불필요한 것들을 낙엽처럼 버릴 줄 아는 사람이 어쩌면 더 크게 성장할 수 있다.

하늘 향해 두 팔 벌린 이깔나무

에밀리 브론테의 『폭풍의 언덕』엔 사실 언덕이 없다. 영어 제목 'Wuthering Heights'는 언덕이 아니라 히스클리프가 사는 외딴 저택을 가리키는 이름일 뿐이다. 저택 주변에는 사계절 내내 사나운 바람이 우우 울부짖으며 대지를 훑고 지나가고, 키 작은 히스가 덤불을 이룬 황무지가 끝없이 펼쳐져 있다.

거칠고 메마른 느낌을 주는 철쭉과의 히스(Heath)는 집시 출신 고아였던 히스클리프(Heathcliff)의 성격을 그대로 드러낸다. 그러나 히스클리프는 귀족처럼 곧고 바르게 자라는 낙엽송을 동경했다. 그는 병든 캐서린을 만나기 위해 밤새도록 낙엽송 아래서 기다리고, 캐서린의 딸이 낙엽송 자라듯이 잘 자란 모습을 보고 기뻐했다.

낙엽송(落葉松)은 글자 그대로 낙엽이 지는 소나무다. 한글 그대로 '잎을 간다' 하여 '잎갈나무'라 부르던 것이 소리나는 대로 '이깔나무'가 됐다. 고깔이 끝이 뾰족한 모자를 가리키듯, 이깔도 끝이 뾰족한 이파리에서 비롯했다는 해석도 있다.

사계절 푸른 소나무가 절개를 상징한다 해서 낙엽 지는 이깔나무가 변절이나 타협을 의미하는 것은 아니다. 이깔나무의 꼿꼿한 모습은 오히려 소나무가 감히 흉내도 못 낼 정도다. 소나무가 독야청청(獨也靑靑)하다면, 이깔나무는 독야직직(獨也直直)하다고나 할까.

줄기가 휘거나 구부러지는 경우는 결코 없다. 햇볕을 찾거나 바람을 피해 몸을 이리 틀고 저리 굽히지 않는다. 좌고우면(左顧右眄) 하지 않고 곧고 높게 자란다. 전봇대로 많이 쓰여 '전봇대 나무'라 불릴 정도다.

'하늘을 추종하는 신도들'이라고나 할까? 이깔나무가 무리를 이뤄 꼿꼿하게 서 있는 모습을 보면 고딕 성당의 종탑처럼 열렬한 '수직성 신앙'에 경탄하게 된다. 그래서 박두진 시인은 〈낙엽송〉을 보고 "가지마다 파아란 하늘을/ 받들었다"고 읊었던가? 나운영의 곡 〈어린이 노래〉에서 "하늘 향해 두 팔 벌린 나무들"은 이깔나무를 가리키는 것처럼 보인다.

근심 걱정 없이 청운을 꿈을 품고 자랐기 때문일 것이다. 이깔나무가 여름에 드리우는 초록은 활엽수가 견줄 수 없는 침엽수의 자존심처럼 도도하다. 계절이 바뀌어 자존심을 버려야 할 때 한 치도 구차하지 않다. 늦가을이 되도록 무심하게 서 있다가 어느 날 갑자기 누런 단풍으로 차림새를 바꾸는 모습은 기품 있는 변검술처럼 신기하다.

그 많은 바늘잎을 한꺼번에 떨궈버리는 자존심은 도도하다 못해 독선적인 느낌마저 든다. 늦가을 찬바람에도 몇 닢밖에 흩날리지 않더니, 초겨울의 까다로운 트집에 어느 날 갑자기 겉옷을 내던지듯 누런 바늘잎을 몽땅 벗어버린 채 차라리 찬비를 맞고 서 있는 모습이 처연하게 다가오는 이유는 무엇일까?

낙엽이 지지 않는 이깔나무도 있다. 가짜 이깔나무, 곧 개이깔나무(개잎갈나무)다. 설송(雪松) 또는 히말라야시다(Hymalaya Cedar)라고도 한다. 이깔나무와 개이깔나무는 서로 다른 종이다. 구약에서 다윗과 솔로몬이 성전을 지을 때 사용한 백향목(栢香木)이 바로 이것이다. 2005년 레바논에서 일어난 시민혁명을 일컫는 '백향목 혁명'도 바로 이 개이깔나무를 가리킨다.

낙엽이 지느냐 지지 않느냐에 따라, 잎이 사계절 푸르냐 푸르지 않냐에 따라, 절개를 따지는 것은 부질없는 짓이다. 침엽수라면 당연히 상록수일 것이라는 고정관념을 통쾌하게 비웃으며, 이깔나무는 소나무보다 더 푸르게 대나무보다 더 곧게 자라난다. 하늘을 받드는 법을 알기 때문일 것이다.

노간주나무

학명	*Juniperus rigida S. et Z.*
분류	겉씨식물 구과목 측백나무과의 늘 푸른 바늘잎 큰키나무
분포지	한국, 일본, 중국, 러시아
다른 이름	노가지나무, 노간주향나무
꽃말	보호

중간고사를 3주 앞두고 공부를 하는데, 아버지가 휴식도 필요하다며 뒷산에 함께 가자고 가셨다. 샛길을 따라 올라가다가 나무뿌리에 걸려 넘어질 뻔했는데 어떤 가지를 간신히 붙잡았다. 그러나 넘어지던 관성을 무시하지 못해 나무에 부딪혀 뾰족뾰족한 잎에 찔렸다. 일어나 옷에 붙은 잎을 툭툭 터는데 온몸이 쑤시는 게 전신 지압을 받은 것 같았다.

　노간주나무는 가지가 늙어 보인다 해서 노가자목(老柯子木)이라고 하다가 노간주나무로 불렸다. 북한에선 노가지나무라 하고 중국에선 두송(杜松), 미국에선 Juniper라고 부른다. 일본에선 노간주나무의 날카로운 잎을 쥐구멍에 넣으면 쥐가 나오지 못한다 하여 네즈미사시(쥐를 찌른다는 뜻)라고 한다.

🌿 내가 관찰한 나무의 모습

푸르스름한 잎은 날카로운 가시처럼 뾰족하다. 노간주나무는 암수한그루로 노란 암꽃은 작은 만두처럼 예쁘고 녹갈색인 수꽃은 무언가를 쥔 손

뾰족하고 까칠까칠하다.

처럼 동그랗다. 콩같이 작고 푸른 열매는 10월에 어두운 자주색으로 익는다.

가지는 물에 잘 썩지 않으며 탄력이 있어 주로 소코뚜레, 지팡이 또는 농기구 등의 재료로 사용된다. 가시 때문에 생울타리로 심기도 한다. 열매 기름은 관절염, 신경통에 효과가 있고 향기가 좋아 향료로 쓰거나, 술로 담기도 한다.

🌿 내가 조사한 나무에 얽힌 이야기

옛날 어느 벼슬아치가 고을을 다스리고 받는 녹봉(祿俸)을 오랫동안 받지 못해 양반 체면에 구걸도 못 하고 굶어 죽었다. 벼슬아치를 묻은 산소에는 처음 보는 나무가 자랐다. 받지 못한 녹봉을 달라는 뜻일 거라고 믿은 사람들은 녹안주나무라고 하다가 노간주나무로 불렀다.

🌿 나무를 보고 느낀 점

노간주나무는 가지가 늙어 보이고 가시가 뾰족하며 열매의 향기가 진하다. 녹봉을 받지 못해 죽은 벼슬아치가 노간주나무로 환생하지 않았을까? 그 벼슬아치는 아마 밥을 제대로 못 먹어서 가지처럼 늙어 보이고 성격도 잎처럼 까칠했지만, 열매의 향기처럼 자기만의 매력이 진한 사람이었을 것이다.

까칠해도 성격이 화끈한 노간주나무

오 헨리의 〈마지막 잎새〉에서 창밖의 담쟁이 잎이 다 떨어지면 자기도 죽을 것으로 생각하는 존지를 위해 늙은 화가 베어먼은 밤새도록 폭우 속에서 담벽에 담쟁이 잎사귀 하나를 그렸다. 베어먼은 아래층 골방에서 그림을 그렸는데, 술을 좋아해 시금털털한 술냄새를 자주 풍겼다.

그가 즐겨마신 술은 진(Gin)이다. 진은 주니퍼(Juniper) 열매를 짠 향긋한 즙을 증류시켜 만든 것이다. 1660년께 네덜란드에서 약용 음료로 개발되어, 영국에서 단맛을 없앤 드라이진(Dry Gin)으로 탄생한 뒤, 미국에서 진토닉, 마티니, 핑크레이디 같은 칵테일의 원액으로 발전했다. 이 주니퍼가 바로 노간주나무다.

노간주나무는 측백나무과에 속한다. 측백나무과는 줄기 껍질이 세로로 찢기듯이 갈라지며 거칠고 트실트실하여 늙어 보인다. '늙은 가지를 가진 나무', 곧 노가자나무(老柯子木) 또는 노가지나무가 변해서 노간주나무가 됐다고 한다. 껍질은 거칠어도 속살은 반들반들하고 탄력이 좋다. 둥그렇게 구부려도 부러지지 않아 소의 코뚜레로 제격이다.

외모가 거칠어서 그럴까? 노간주나무는 성격도 까칠하다. 애당초 거친 겉모습에 별로 가까이 하고 싶은 생각이 들진 않지만, 까칠한 바늘잎에 한번 찔려보면 다시는 손을 내밀고 싶지 않다. 일본에서는 노간주 가지로 쥐구멍을 막으면 쥐를 쫓을 수 있다 하여 네즈미나시(ねずみなし)라고도 부른다. '쥐(ねずみ)가 없다(なし)'는 뜻이다.

까칠한 성격은 워낙 험하고 메마른 땅에서 자랐기 때문일 것이다. 잎도 뾰족하고 가지도 거칠고 비틀어졌지만, 줄기는 장대처럼 곧게 위로 뻗는다. 소나무도 없는 스산한 겨울 산기슭에 혼자 독야청청(獨也靑靑)한 모습을 보면 은근히 믿음직스런 구석도 있다.

그 성격 탓일 게다. 꽃이 잘고 보잘것없어 언뜻 보아 언제 피었는지 알기 어렵다. 수나무가 많고 암나무가 적은데다 꽃이 핀 이듬해에 열매가 달리기 때문에 열매를 보기도 쉽지 않다. 처음엔 허연 가루를 뒤집어쓴 것처럼 보이지만 해를 거듭할수록 검붉게 익어간다.

열매의 맛과 향이 화끈하면서도 시원한 느낌을 준다. 드라이진을 마실 때 입속에서 톡 쏜 뒤 얼얼하고 시원하게 '화~' 번지는, 바로 그 맛과 향이다. 이 덕분에 열매는 오래전부터 각종 치료약이나 향수로 사용됐다. 종교적인 목적으로 몸과 마음을 정화하는 의식은 물론 악마나 전염병을 쫓기 위해 나무를 태워 향을 피우기도 했다.

화끈한 성격은 어디서 온 걸까? 한번 불이 붙으면 다 태워야 직성이 풀린다. 목재와 잎에 송진과 기름이 많아 불을 붙이면 요란한 소리를 내며 잘 탄다. 정월 대보름에는 쥐불놀이를 마치고 노간주나무로 달집을 지어 불을 붙였다. 타닥타닥 소리가 날수록 풍년이 들 징조라고 좋아했다. 라스코 동굴의 구석기 벽화도 노간주나무를 태운 재로 그린 것이다.

노간주나무는 흙보다는 돌이 많고, 물기라고는 하늘에서 내려오는 은총밖에 기대할 수 없는 곳에 뿌리를 내린다. 풀이라면 모르되 나무라면 도저히 들어설 것 같지 않은 곳이다. 양지 바른 야트막한 산기슭이라면, 모래땅이나 바위틈이나 어디든지 뿌리를 박고 자란다.

사고무친(四顧無親)이라 아무리 까칠해도 정인(情人)이 하나쯤은 있게 마련이다. 진달래다. 묘하게도 노간주나무 바로 곁에 진달래가 자라는 것을 흔히 볼 수 있다. 마치 노간주나무가 비좁은 구석이지만 메마른 흙이라도 추스려 놓고 진달래를 불러 들이는 것 같다.

아무리 까칠해도 진달래 하나쯤은 돌볼 여유가 있는 것이다. 늙은 베어먼이 가련한 존지를 위해 〈마지막 잎새〉를 붙들고 있었던 것처럼……

측백나무

학명	*Thuja orientalis L.*
분류	겉씨식물 구과식물아강 구과목 측백나무과 늘 푸른 큰키나무
분포지	한국, 중국, 러시아
다른 이름	지빵나무
꽃말	견고한 우정, 기도

초등학교를 다닐 때 친구들과 우리 집 옆 놀이터에서 놀이기구 위로만 다니고 땅은 밟으면 안 되는 술래잡기를 했다. 한참 놀다가 나무를 심어 만든 울타리에 울퉁불퉁하게 생긴 푸른 열매가 달린 걸 발견했다. 열매 몇 개를 따 친구와 던지면서 놀았는데 손에 묻은 나뭇진이 끈적끈적하고 처음 맡아본 이상한 냄새 때문에 그 놀이터는 우리들에게 놀기 좋지 않은 곳으로 찍혔다.

잎이 옆으로 납작하게 자란다는 뜻에서 나무의 이름이 왔다. 학명에서 '*thuja*'는 나뭇진을 뜻하는 'thya' 또는 향기를 뜻하는 'thuein'에서 유래되었다고 한다. 실제로 측백나무 진은 각종 질병을 예방하고 치료하며 향기는 아토피 증세를 막고 공기를 깨끗하게 한다.

🌿 내가 관찰한 나무의 모습
쭉쭉 뻗는 사슴뿔처럼 생긴 잎은 앞뒷면이 색도 같고 모양도 일치하기 때문에 앞뒤를 구별할 수 없다. 비늘잎은 갑옷처럼 잎을 보호하고 양분을

열매가 맺힐 자리

잎이 부드럽고 사슴뿔 모양을 하고 있다.

저장하는 역할을 하는데, 측백나무는 비늘잎 모양이 'X' 자 또는 'Y' 자로 줄지어 있다. 꽃은 4월에 피는데 갈색 수꽃은 가지 끝에 밥풀처럼 달려 있고 노란 암꽃은 작은 콩알처럼 붙어 있다. 푸른색과 하늘색이 섞인 별사탕 같은 열매는 9~10월에 연한 갈색으로 익는다.

   측백나무는 건조, 추위, 공해에 강해 200년 넘게 오래 산다. 또 사계절 변함없이 푸르기 때문에 소나무와 함께 고고한 기상을 상징한다. 1200년 경 고려 명종 때부터 담가 우리나라에서 가장 오래된 과실주라는 기록이 있는 '백자주'(柏子酒)는 측백나무 씨앗으로 만들었다.

🌿 내가 조사한 나무에 얽힌 이야기

옛날 진나라 궁녀가 먹을 것이 없어 산에서 소나무와 측백나무의 잎만 먹었더니 추위와 더위를 잊고 200년을 넘게 살았다고 한다. 몇백 년 뒤에 중국에 적송자(赤松子)라는 사람이 측백나무 잎과 열매를 8년 동안 먹더니 몸이 가벼워지고 얼굴에서 빛이 나 백엽선인(柏葉仙人)이라 불리며 신선이 되었다고 한다.

🌿 나무를 보고 느낀 점

진나라 궁녀와 백엽선인은 사슴뿔 잎과 별사탕 열매를 먹고 건강하게 오래 살았다. 하지만 짧은 기간 동안 잎과 열매를 먹고 건강해진 것은 아니다. 오랫동안 고난을 겪고 단련될수록 승리가 달콤한 것처럼 수능을 잘 보기 위해 측백나무 잎과 열매를 한번 먹어볼까?

달마가 동쪽으로 간 까닭을 아는 측백나무

달마(達磨)가 동쪽으로 간 까닭은 무엇일까? 인도 남부 향지국(香至國)의 셋째 왕자였던 그가 고타마 싯다르타처럼 왕국을 버리고 출가하여 520년께 중국 소림사에서 선종(禪宗)을 창시한 이유는 무엇일까?

달마의 후계자인 조주(趙州)는 한 제자가 "조사(달마)가 서쪽에서 온 이유가 무엇이냐"(如何是祖師西來意)고 묻자, "뜰 앞의 잣나무"(庭前柏樹子)라고 대답했다. '씨가 뜰에 떨어져 잣나무로 자라는 것과 마찬가지'라는 뜻이다. 사실, 그 백림선사(柏林禪寺) 뜰 앞의 나무는 잣나무가 아니라 측백나무다. 한자 '柏'을 잣나무로 잘못 해석했기 때문이다.

'측백 柏' 또는 '잣나무 柏'이라 불리는 '柏'자는 잎에서 흰빛이 나는 나무를 뜻한다. 잣나무를 비롯하여 측백나무과인 측백(側柏), 편백(扁柏), 화백(花柏)은 잎에 흰점이나 흰 선이 있다. 동백(冬柏)은 나무껍질에서 흰빛이 난다.

측백은 잎이 부채처럼 납작하게 생겼기 때문에 붙은 이름이다. 송사리 비늘처럼 작고 푸른 조각이 한 줄로 길게 늘어선, 부드러운 바늘잎이 층층이 어긋나는 형태로 옆으로 돋아 넓적한 부채꼴을 이룬다. 바늘잎을 엮어 부채처럼 넓게 펼치면 침엽수일까, 활엽수일까?

신선이 그랬을까? 은은하게 흰 호젓함과 사시사철 검푸른 의젓함 덕분에 커다란 측백나무는 불로장생(不老長生)하는 신선의 풍모를 닮았다. 중국 신화에서 비를 다스리는 신선인 적송자(赤松子)는 측백나무 씨를 먹었더니 빠졌던 이가 다시 나고 머리털이 검게 변했으며, 백엽선인(柏葉仙人)은 잎과 열매를 먹고 우화등선(羽化登仙)했다고 한다.

신선이 되고 싶었던 왕이나 스님은 묘지의 둘레나, 사당이나 절의 뜰에 측백을 즐겨 심었다. 측백은 풍수지리가 나쁜 자리에 묻힌 시신에 생기는 벌레(염라충)를 죽이는 힘이 있다는 속설까지 전해온다. 그러나 정작 측백 그 자신은 나이가 들면 줄기가 쉽게 썩어버린다.

열매도 오돌토돌한 모양이 참 신기하다. 김영찬 시인은 "측백나무 푸른 열매는 밤마다/ 푸른 별이다/ 별들은 측백나무 가지에 놀러와/ 깊은 밤의 포로가 된다"고 했다. 빈센트 반 고흐가 그린〈측백나무와 별이 있는 길〉이 생각난다.

고흐의〈측백나무가 있는 밀밭〉을 보면 측백나무가 '땅에서 소용돌이치며 타오르는 검은 불꽃' 처럼 격렬하게 하늘로 솟구친다. 박진성 시인은 이때 고흐의 심정을 "튜브를 먹으면서 빨간색 물감만 집요하게 빨았다/ 입술에 묻은 물감은 피처럼 내장으로 번지고/ 내 영혼이 측백나무처럼 통째로/ 하늘로 올라갈 것만 같았다"고 표현했다.

프리드리히 니체의 초인(超人) 차라투스트라는 저녁에 숲을 지나다가 춤을 추는 소녀들을 보고 이렇게 말했다. "나는 어두운 나무들이 이루고 있는 숲이며 밤이다. 그러나 나의 어둠을 두려워하지 않는 자는 나의 측백나무 아래에서 장미꽃 만발한 비탈을 발견하리라."

안토닌 드보르작은 사랑하던 연인을 다른 남자에게 뺏긴 뒤〈현악 4중주를 위한 측백나무〉를 작곡했다. 신비롭지만 왠지 불안하고 애절한 느낌이 드는 연가곡이다. 측백나무가 그런 느낌을 풍길까? "누구나 가슴에는 죽음을 생각하고 있다"는 비장한 부제가 붙어 있다.

동서양을 막론하고 측백나무의 신비스런 느낌은 어디서 오는 걸까? 침엽수 같지 않은 침엽수, 상록수 같지 않은 상록수이기 때문일 것이다. 안도현 시인은 그 신비하면서도 친근한 느낌을 풍기는 측백나무가 되고 싶어했다. "측백나무 울타리에 내려앉는 참새떼,/ 가까이 가도 날아가지 않는다/ 고마워라/ 나를 측백나무 한 그루쯤으로 여기는."

호랑가시나무

학명	*Ilex cornuta* Lindl. & Paxton
분류	쌍떡잎식물 노박덩굴목 감탕나무과의 늘 푸른 키작은나무
분포지	한국 남부, 중국 남부
다른 이름	묘아자(猫兒刺), 구골목(枸骨木), 노호자(老虎刺)
꽃말	가정의 행복, 평화

추석이 다가와 차례를 지내러 할아버지가 계시는 부산에 갔다. 추석 다음 주에 보는 중간고사를 준비하려고 과학을 공부했다. 현미경으로 본 동물세포, 식물세포 구조를 공부하다가 밖에 나가서 친척들과 함께 저녁을 먹게 됐다. 걸어서 식당까지 가는데 아까 과학책에서 본 물벼룩과 닮은 잎이 달린 나무가 보였다. 이름은 호랑가시나무. 왠지 모르게 더 잘 외워져 시험을 잘 볼 것만 같았다.

 이 나무의 잎은 호랑이발톱을 닮았다. 중국에선 '늙은 호랑이의 발톱'(老虎刺) 또는 '새끼고양이의 발톱'(猫兒刺)이라고 부른다. 또 호랑이가 뾰족한 잎에 등을 긁기 편하다고 해 '호랑이등긁기나무'라고도 한다.

🌿 내가 관찰한 나무의 모습

잎은 질기고 두꺼우며 사계절 내내 짙푸르다. 육각형 모양의 날카로운 잎에 찔리면 엄청 아프기 때문에 울타리로 사용하기도 한다. 꽃은 4~5월에 잎겨드랑이마다 흰 꽃이 대여섯 개씩 달린다. 완두콩처럼 생긴 열매는

갑옷처럼 딱딱하고
고양이 발톱처럼 날카롭다.

6~7월에 열려 10월에 빨갛게 익는다.

   열매가 아름다워 작은 가지를 꺾어 크리스마스 장식용으로 쓴다. 호랑가시나무는 독이 없어서 안심하고 복용할 수 있는 약재다. 잎과 뿌리는 쇠약한 몸을 튼튼하게 하거나 관절염을 치료할 때 쓰인다. 열매는 심장을 튼튼하게 하거나 정신을 맑게 해주며 골다공증에 좋다.

🌱 내가 조사한 나무에 얽힌 이야기

옛날에 예수님이 십자가에서 가시관을 쓰고 날카로운 가시에 찔려 고통을 받고 계셨다. 울새 로빈이 부리로 가시를 빼다 찔려서 피로 물들어 죽었다고 한다. 가시는 예수님이 쓰던 가시관, 붉은 열매는 핏방울, 쓴맛이 나는 껍질은 예수님의 수난을 의미한다. 그래서 크리스마스트리를 장식할 때 쓰는 가지가 바로 호랑가시나무다.

🌱 나무를 보고 느낀 점

호랑가시나무의 잎을 모아 하나씩 엮어서 갑옷을 만들고 싶다. 잎이 두꺼워 친구들이 장난감 총이나 칼로 공격해도 잘 막아낼 것이고, 돌진하면 적들이 가시에 찔려 아플까봐 도망갈 것이다. 훗……

스크루지 영감이 싫어한 호랑가시나무

찰스 디킨스의 〈크리스마스 캐럴〉에서 구두쇠 스크루지 영감은 크리스마스 이브에 식사를 같이 하자는 조카의 초대를 냉정하게 거절하며 말했다. "'메리 크리스마스' 어쩌고저쩌고 주절대는 머저리들은 그놈들이 크리스마스에 처먹는 푸딩하고 같이 바싹 구워서, 가슴팍에 호랑가시나무 가지를 푹 꽂아다가 땅에 파묻어 버렸으면 좋겠다."

〈크리스마스 캐럴〉에서 호랑가시나무는 없어서는 안 될 매우 중요한 소품이다. 크리스마스를 앞두고 가게마다 집집마다 빨간 열매가 달린 호랑가시나무 가지를 문 앞에 내걸었다. 스크루지의 꿈에 등장하는 유령들도 손에 호랑가시나무 가지를 들고 있거나 머리에 호랑가시나무로 된 화관을 쓰고 있다.

호랑가시나무는 잎이 두텁고 짙은 녹색으로 반질거리면서, 모서리마다 서슬 퍼런 가시를 달고 있다. 중국에서는 새끼고양이나 늙은 호랑이의 발톱을 닮았다고 하여 '묘아자'(猫兒刺) 또는 '노호자'(老虎刺)라고 부른다. 영어로는 'holly'라고 한다. 미국 로스앤젤레스에 있는 할리우드(Hollywood)는 호랑가시나무 숲 때문에 생긴 이름이다.

십자가를 지고 골고다 언덕을 오르던 예수의 머리에 씌운 가시관은 호랑가시나무의 잎으로 만들었고, 그 가시에 찔려 이마에서 흐른 핏방울이 열매가 됐다고 한다. 유럽에서는 울새(Robin)가 예수의 이마에 박힌 가시를 뽑으려다 그 가시에 찔려 가슴에 붉은 무늬를 갖게 됐다는 전설도 있다. 울새는 호랑가시나무의 열매를 즐겨 먹는다.

사실 '그리스도의 가시'(Christ Thorn)라 불리는 나무는 따로 있다. 당시 로마의 병사들은 팔레스타인 지방에 잘 자라는 갈매나무나 가시오이 풀로 가시관을 엮어 죄수들의 머리에 씌웠을 것으로 보인다.

가시가 날카로운 만큼 호랑가시나무는 고난의 상징일 수밖에 없다. 쥘 베른의 『15소년 표류기』에서 무인도에 난파한 소년들은 절벽에서 이파리가 날카로운 호랑가시나무 덤불을 만난다. 미겔 데 세르반테스의 『돈 키호테』는 호랑가시나무 지팡이를 짚고 장례식에 가는 목자들을 마주친다. 루이스 캐럴의 『이상한 나라의 앨리스』는 몸은 푸딩이고 머리는 건포도로 되어 있으며 날개는 호랑가시나무의 잎으로 된 잠자리를 보았다.

호랑가시나무의 육각형 잎과 선명한 열매는 꽃꽂이나 디자인에서 인기 높은 재료다. 추울수록 붉은 색이 짙어지는 열매는 '사랑의 열매'로 이웃 사랑을 상징하기도 한다. 이 열매 덕분에 호랑가시나무는 전나무와 함께 크리스마스에 가장 사랑받는 나무다.

루이자 올코트의 『작은 아씨들』은 크리스마스에 눈사람을 만들고 호랑가시나무로 된 화관을 씌웠다. 데이비드 로렌스의 『아들과 연인』에서 장남 윌리엄을 기다리는 가족들은 호랑가시나무로 집안을 장식하며 부산을 떨었다. 진 웹스터의 『키다리 아저씨』에서도 주디가 크리스마스를 맞아 호랑가시나무로 장식한 트리 앞에서 선물을 나눠주며 즐거워한다.

호랑가시나무는 악마를 쫓는 벽사의 나무다. 유럽에서는 가지를 꺾어 걸어두거나, 먼 길을 떠날 때 지팡이로 짚고 다니면 마귀가 접근하지 않는 것으로 여겼다. 우리나라를 비롯해 중국과 일본에서는 음력 2월 4일 호랑가시나무 가지로 정어리 눈알을 꿰어 처마 밑에 걸었다. 잡귀가 들어오면 이 꼴이 된다는 경고다.

아무리 튼튼한 이빨을 가진 초식동물도 감히 입을 대지 못하고, 아무리 단단한 굽을 가진 발굽동물도 감히 밟지 못한다. 사철내내 짙고 두터운 갑옷을 두르고, 온통 서슬 퍼런 '호랑이발톱'으로 무장하고 있기 때문이다. 호랑가시나무를 보고 반가운 생각이 들면 선한 사람일 것이다.

| 에필로그 |

왜 하필 그 자리에 그 나무가 있을까?

　동화에는 나무가 자주 등장한다. '토끼와 거북'에서 토끼는 거북이 한참 뒤에서 느릿느릿 기어오는 것을 보고 나무 밑에서 쉬다가 깜박 낮잠을 잤다. 그 나무는 무슨 나무일까? '해와 달이 된 오누이'에서 호랑이에게 쫓긴 오누이는 급한 나머지 우물가에 있는 나무 위로 도망갔다. 그 나무는 무슨 나무일까? '금도끼 은도끼'에 나오는 나무꾼은 숲에서 나무를 베다가 도끼를 연못에 빠뜨렸다. 무슨 나무를 베다가 그랬을까? 제페토 할아버지는 나무로 인형을 깎아 피노키오를 만들었다. 피노키오는 무슨 나무로 만들었을까?

　아무리 동화를 많이 읽은 사람도 쉽게 떠올릴 수 있는 질문은 아니다. 아무리 나무를 잘 아는 나무박사라도 쉽게 답할 수 있는 질문이 아니다. 그런데 그동안 왜 아무도 이런 질문을 하지 않았을까? 질문을 하지 않았으니 답을 모르는 것은 당연하다. 지금부터 그 답을 찾아보자.

　원문을 꼼꼼히 살펴보면 토끼가 낮잠을 잔 나무는 떡갈나무고, 오누이가 올라간 나무는 버드나무며, 나무꾼이 베던 나무는 느릅나무고, 피노키오를 만든 나무는 소나무다. 그동안 숱하게 동화를 읽었고 또 읽어주었는데, 왜 한 번도 그 나무의 존재를 깨닫지 못했을까?

무슨 나무였는지 아는 순간 또 다른 궁금증이 생긴다. 그 많은 나무 가운데 토끼는 왜 하필 떡갈나무 밑에서 낮잠을 잤을까? 해와 달이 된 오누이의 집 우물가에 왜 하필 버드나무가 있었을까? 도끼를 든 나무꾼은 왜 하필 느릅나무를 베려고 했을까? 제페토 할아버지는 왜 하필 소나무로 피노키오를 만들었을까? 도대체 그 나무들이 어땠길래……

신화나 전설에서도 마찬가지다. 에덴동산에는 왜 하필 사과나무가 있었고, 아담과 이브는 왜 하필 무화과 이파리로 몸을 가렸을까? 그리스 신화에서 올림푸스 산의 신들은 제각기 자신을 대표하는 나무를 하나씩 골랐다. 제우스는 참나무를, 아폴로는 월계수를, 아테네는 올리브를, 비너스는 은매화(도금양)를 각각 골랐다. 왜 하필 그 나무를 선택했을까? 북유럽 신화에서 하늘을 떠받치는 나무는 왜 물푸레나무일까? 단군 신화에서 환웅은 왜 신단수(박달나무) 아래로 내려와 신시(神市)를 건설했을까?

예수는 왜 하필 포도나무를 두고 '나는 포도나무다'라고 했을까? 석가모니는 왜 하필 보리수 아래에서 수행을 하고 해탈을 했을까? 공자는 왜 하필 은행나무 아래에서 제자들을 가르쳤을까? 아리스토텔레스가 이끄는 소요학파는 왜 하필 플라타너스 길을 거닐면서 사색하고 대화했을까? 스피노자는 내일 세상이 멸망하더라도 왜 하필 사과나무를 심겠다고 했을까? 조지 워싱턴은 왜 하필 벚나무를 베었다가 아버지에게 들켰을까?

"왜 하필 그때 그 나무가 그 자리에 있었나" 하는 질문은 존재(存在)에 대한 의문이다. 달마대사의 제자인 조주선사에게 물어보자. 조주(趙州)는 한 제자가 "조사(달마)가 서쪽에서 온 이유가 무엇이냐"(如何是祖師西來意)고 묻자, "뜰 앞의 잣나무"(庭前柏樹子)라고 대답했다. '씨가 뜰에 떨어져 잣나무로 자라는 것과 마찬가지'라는 뜻이다. 사실, 그 뜰 앞의 나무는 잣나무가 아니라 측백나무다. 한자 '柏'을 잣나무로 잘못 해석했기 때문이다. 어쨌든……. 달마가 동쪽으로 간 까닭은 뜰 앞의 측백나무가 그 자리에서 자라는 이유와 마찬가지라는 뜻이다. 우연? 필연? 그러면 측백나무가 왜 하필 그 자리에 있을까? 또 그 많은 나무 가운데 왜 하필 측백나무였을까?

이런 고민을 시작하는 순간 나무의 존재에 대한 의문은 나의 실존(實存)에 대한 질문으로 옮아간다. 우리 아파트 앞에는 왜 하필 마가목이 서 있을까? 내가 출퇴근하는 길목을 왜 하필 느티나무가 지키고 있을까? 아내와 산책하던 길을 왜 하필 마로니에가 내려다보고 있었을까? 아들과 즐겨 오르던 산길에는 왜 하필 개암나무가 반갑게 손을 흔들까? 딸과 놀던 놀이터에 왜 하필 명자나무가 울타리를 둘렀을까? …… 나를 에워싼 나무를 보면서 이런 질문을 하다 보면, 막다른 질문에 다다르게 된다. "나는 왜 하필 지금 여기에 있을까?"

사랑하면 보이는 나무

1판 1쇄 펴냄 2012년 2월 10일
1판 5쇄 펴냄 2014년 12월 15일

지은이 허예섭 · 허두영

주간 김현숙
편집 변효현, 김주희
디자인 이현정, 전미혜
영업 백국현, 도진호
관리 김옥연

펴낸곳 궁리출판
펴낸이 이갑수

등록 1999. 3. 29. 제300-2004-162호
주소 110-043 서울시 종로구 통인동 31-4 우남빌딩 2층
전화 02-734-6591~3
팩스 02-734-6554
E-mail kungree@kungree.com
홈페이지 www.kungree.com
트위터 @kungreepress

ⓒ 허예섭 · 허두영, 2012. Printed in Seoul, Korea.

ISBN 978-89-5820-228-8   03480

값 15,000원